자동차 첨단기술 교과서

자동차 첨단기술 교과서

Guide to the High Technology of Car

전문가에게 절대 기죽지 않는
마니아의 자동차 혁신 기술 해설

다카네 히데유키 지음 | **김정환** 옮김 | **임옥택** 감수

보누스

머리말

오늘날 자동차에는 수많은 '첨단기술'이 사용되고 있다. 이 책에서는 자동차에 어떤 첨단기술이 쓰이는지를 소개한다.

'첨단기술'은 요컨대 고도화된 기술을 의미하는데, 무엇이 첨단기술인지는 분야나 사람에 따라 판단이 갈릴 수 있을 것이다. 그래서 이 책에서는 넓은 의미의 첨단기술을 다룬다. 자동차에 사용되고 있는 다양한 분야의 선진 기술을 모아서 해설한 것이다. 첨단기술이라고 해도 그 종류는 다양하기 때문이나.

가령 최근 화제가 되고 있는 친환경 자동차는 첨단기술의 집합체다. 지금까지 일반적인 자동차 엔진은 가솔린이나 경유 같은 연료를 태워서 구동력을 얻었다. 그러나 최근에는 전기를 보조 동력으로 삼아 모터를 돌리는 하이브리드카가 급속히 증가했다. 또 모터의 힘만으로 달리는 전기 자동차도 등장했다. 이렇게 전기 에너지로 주행하는 자동차의 파워 트레인에는 다양한 첨단기술이 도입되었다. 전기 에너지는 이런 파워 트레인뿐만 아니라 자동차가 움직이는 데 필요한 수많은 장치를 제어할 때도 필요하다. 예컨대 주행 중인 자동차의 다양한 정보를 검출하는 센서의 전기 신호를 받아서 작동하는 모터는 물론이고 안전성과 환경 성능을 높이는 장치, 쾌적성을 올리는 장치도 전자 부품으로 구성되어 있으며 컴퓨터가 이를 제어한다.

자동차의 첨단기술에는 정밀한 기계 구조를 이용한 것도 있다. 가령 부품의 크기를 줄이거나 정밀도를 높여 예전과 똑같은 크기의 공간에서 복잡한 움직임을 실현한 것도 첨단기술이라고 할 수 있다. 전자 제어 장비가 움직이는 부분에는 기계 구조가 쓰이기 마련이다. 복잡한 기계를 제어하려면 전자 제어 장비가 필수이므로 이 두 가지 기술은 밀접한 관계에 있다.

재료 공학 분야에서는 새로운 신소재와 복합 소재 등이 속속 탄생하고 있다. 이 같은 소재들이 등장해 기존에는 불가능했던 구조나 제작법이 가능해지면서 출현한 첨단기술도 있다. 원자 층위에서 물질을 다루는 나노 테크놀로지도 첨단기술의 일종으로 생각할 수 있을 것이다.

오늘날 자동차 대부분은 여러 장비가 충실하게 갖춰져 있으므로 자동차를 고를 때 “이 장치가 달려 있으니 이걸 사자”라든가 “이 장치만큼은 포기할 수 없어”와 같은 일은 별로 없을지도 모른다. 그래서 이 책에서는 첨단기술이 구체적으로 어떤 자동차 제조 회사의 어떤 자동차에 탑재되어 있는지, 각 자동차 제조 회사의 사양에는 어떤 차이가 있는지는 다루지 않는다. 다만 어떤 첨단기술 장치가 어떤 역할을 하는지, 어떤 식으로 이용되고 있는지에 집중했다.

자동차 모델의 안내 책자나 잡지 등에 실린 사양과 장비표를 보면 잘 이해가 되지 않는 첨단기술이나 장비가 소개되어 있을 것이다. 그런 것들을 조금이라도 더 이해할 수 있기를 바라는 마음에서 이 책을 썼다. 이 책에서 해설한 기술들은 현재 자동차를 이야기할 때 빼놓을 수 없는 것들인데, 특히 흥미를 느낀 첨단기술 장치나 장비 등이 있으면 부디 그 분야에 특화된 해설을 찾아서 좀 더 알아보기 바란다. 이 책을 읽은 독자가 자동차를 더욱 깊이 이해해서 안전하고 쾌적한 주행을 계속하고, 앞으로도 영원할 자동차의 매력을 실감한다면 그보다 기쁜 일은 없을 것이다.

다카네 히데유키

차례

CHAPTER 2
사고를 방지하기 위한 첨단기술

CHAPTER 3
교통사고 피해를 줄이는 첨단기술

CHAPTER 4
안전하고 빠르게 달리기 위한 첨단기술

CHAPTER 5
차체의 첨단기술

CHAPTER 6
쾌적함을 위한 첨단기술

CHAPTER 7
고급차의 첨단기술

CHAPTER 1

환경을 위한 첨단기술

High Technology of Cars

지구 온난화 문제와 원유 가격의 상승 등이 글로벌 이슈로 부상하면서 가솔린과 경유 이외의 동력원으로 달리는 자동차가 보급되기 시작했다. 이 장에서는 다양한 환경 보호 기술을 소개한다.

다임러가 발표한 'F-CELL 로드스터'의 모습. 다임러 1호차를 떠올리게 하는 고전 스타일의 연료 전지 자동차다. 연료 전지의 출력은 1.2킬로와트이며, 최고 속도는 시속 25킬로미터로 느리지만 항속 거리 350킬로미터를 자랑한다.

1-01 하이브리드 시스템의 급부상

세 종류의 하이브리드가 있다

'전기 자동차Electric Vehicle, EV'는 친환경 자동차 중에서 가장 대중화될 가능성이 높다. 그러나 배터리 성능의 한계로 짧은 항속 거리가 여전히 골칫거리로 남아 있다. 이 같은 전기 자동차의 약점을 보완해 가솔린 자동차보다 친환경적이면서도 우수한 연료 소비 효율을 실현한 것이 **하이브리드 자동차**다.

하이브리드hybrid는 잡종이라는 뜻으로, 요컨대 하나의 자동차에 복수의 동력을 조합했다는 의미다. 사실 하이브리드 시스템 자체는 옛날부터 있었다. 당시는 가솔린 엔진이 현재만큼 고효율이 아니었던 까닭에 한때 상당히 보급되기도 했지만, 가솔린 엔진의 성능이 향상되고 항속 거리 문제가 불거짐에 따라 자취를 감췄다. 그렇다면 하이브리드 자동차가 오늘날 되살아난 이유는 무엇일까? 여기에는 크게 세 가지 이유가 있다.

첫째, 배터리와 모터를 제어하는 시스템의 성능이 높아졌다. 이에 따라 에너지 효율이 높은 하이브리드 자동차를 생산할 수 있게 되었다.

둘째, 가솔린 엔진의 성능 향상에 한계가 찾아왔다. 옛날부터 개량을 거듭해온 가솔린 엔진의 연료 소비 효율 향상 기술과 배기가스 정화 기술이 어느 정도 한계에 다다른 까닭에 대폭적인 성능 향상은 이제 어렵다.

셋째, 지구 온난화를 방지해야 한다는 공감대가 세계 곳곳에서 형성되어 화석 연료의 사용을 줄이는 경향이 강해졌다. 그리고 때마침 원유 가격이 급등했다. 이 같은 이유로 자동차 시장에서 재부상한 하이브리드 자동차의 종류에는 **직렬식**Serial type HEV과 **병렬식**Parallel type HEV, **복합식**Combined type HEV이 있다.

하이브리드 방식의 종류

자료 제공 : 마쓰다

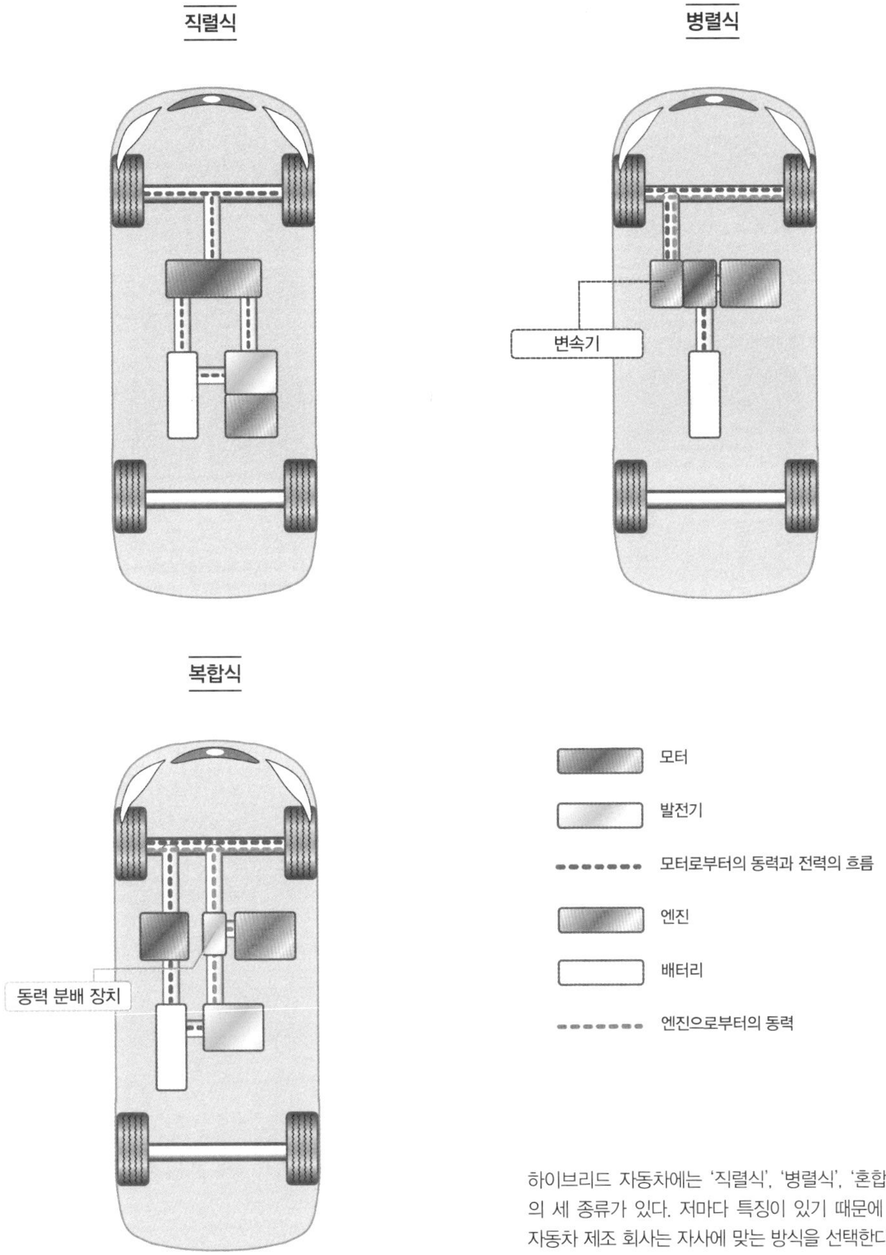

하이브리드 자동차에는 '직렬식', '병렬식', '혼합식'의 세 종류가 있다. 저마다 특징이 있기 때문에 각 자동차 제조 회사는 자사에 맞는 방식을 선택한다.

1-02 직렬식 하이브리드 자동차

엔진으로 발전하고 모터로만 달린다

처음에 소개할 하이브리드 방식은 **직렬식**이다. 직렬식 하이브리드의 엔진은 발전기를 돌려서 전기를 생산할 뿐 바퀴를 돌리지 않는다. 엔진이 만든 전기는 배터리에 저장되며, 그 전기를 이용해 모터를 돌림으로써 구동력을 만들어낸다. 뒤에서 설명할 혼합식 하이브리드가 가솔린 자동차를 기반으로 한 데 비해 직렬식은 전기 자동차를 기반으로 한 하이브리드 자동차다.

환경 문제에 민감한 유럽에서는 버스 같은 대중교통 수단으로 직렬식 하이브리드 자동차를 사용해왔다. 일본에서는 직렬식을 거의 이용하지 않았지만, 현재는 환경 문제에 적극적으로 대응하기 위해 직렬식 하이브리드 자동차를 만들고 있다.

직렬식의 장점은 에너지 효율이 높은 모터만을 구동력으로 사용한다는 것이다. 엔진은 구동력을 만들어낼 필요 없이 발전만 하면 되며, 엔진과 모터 사이에 배터리가 있으므로 **엔진 출력이 모터의 소비 전력보다 작은 발전기를 돌릴 수 있을 정도면 충분하다.**

물론 약점도 있다. 직렬식은 모터로 구동력을 만들어야 하기 때문에 큰 모터가 필요하다. 따라서 많은 전력이 필요하며, 커다란 발전기를 돌리기 위해 커다란 엔진과 배터리를 실어야 한다. 그러나 이 약점은 배터리의 성능이 향상되면 해결될 것이다.

플러그인 하이브리드 자동차

사진 제공 : 스즈키

도쿄 모터쇼에 출품한 차량

전기 자동차에 발전용 엔진을 추가한 직렬식 하이브리드 자동차다. 가정용 전원이나 상업 시설 등의 충전 스탠드에서 충전하면 배터리만으로 20킬로미터를 달릴 수 있다.

엔진 룸

엔진 룸에는 발전용 660cc 엔진과 발전기(왼쪽), 컨트롤 유닛(오른쪽)이 탑재되어 있다. 강력한 모터가 주행을 담당하고 엔진은 발전만 담당한다.

실내와 배터리 부분

에너지 밀도가 높은 리튬이온 배터리는 센터 터널 부분에 세로로 설치되어 있다. 실내 공간을 낭비하지 않고 하이브리드 시스템을 탑재할 수 있다.

1-03 병렬식 하이브리드 자동차

엔진과 모터가 힘을 합쳐서 가속한다

병렬식을 살펴보자. 병렬식은 **엔진과 모터가 힘을 합쳐서 자동차를 달리게 하는 방식**이다. 이 방식의 장점은 엔진과 모터 양쪽에서 동력을 타이어에 전달한다는 것이다. 그래서 가속을 하는 경우처럼 큰 힘이 필요할 때, 엔진뿐만 아니라 모터의 힘을 합쳐서 가속 성능을 높일 수 있다. 그 결과 일반적인 가솔린 자동차보다 배기량이 작은 엔진을 탑재해도 된다. 연료 소비 효율과 비용이 훌륭하기 때문이다.

배터리 용량 또한 작아도 되기 때문에 차체가 가벼워져 연비 성능을 추구하기가 용이하며, 가솔린 엔진 자동차와 **차체를 공유하기가 좋다**는 측면도 있어서 비교적 저비용으로 생산이 가능하다. 충전량이 부족할 때나 속도를 줄일 때는 모터가 발전기 역할을 해서 배터리를 충전한다. 단점은 모터가 힘을 더해준다고는 해도 어디까지나 보조 역할에 그치기 때문에 모터의 힘만으로 달리기는 어렵다는 것이다.

병렬식을 채용한 대표적인 차종은 혼다의 '인사이트'와 '시빅 하이브리드', 메르세데스 벤츠의 'S클래스 하이브리드'다. 혼다와 메르세데스 벤츠의 하이브리드 자동차는 기본적으로 가솔린 엔진과 변속기 사이에 모터를 설치해 병렬식 하이브리드를 실현했다.

병렬식은 비교적 단순한 기구로 연료 소비 효율을 높일 수 있어, 경제성이 높고 동시에 배기가스 문제를 해결하는 데 용이하다. 이러한 장점 덕분에 병렬식 하이브리드는 더욱더 보급될 것이다.

혼다 '인사이트'의 파워 유닛

사진 제공 : 혼다기연공업

엔진에 모터를 직접 연결했다. 엔진과 변속기 사이에 모터가 끼워져 있다. 엔진은 기존의 것을 이용했지만 '전 기통 휴지 시스템'을 채용하는 등 하이브리드용으로 사양을 개선했다.

혼다 '인사이트'의 하이브리드 시스템 배치도

그림 제공 : 혼다기연공업

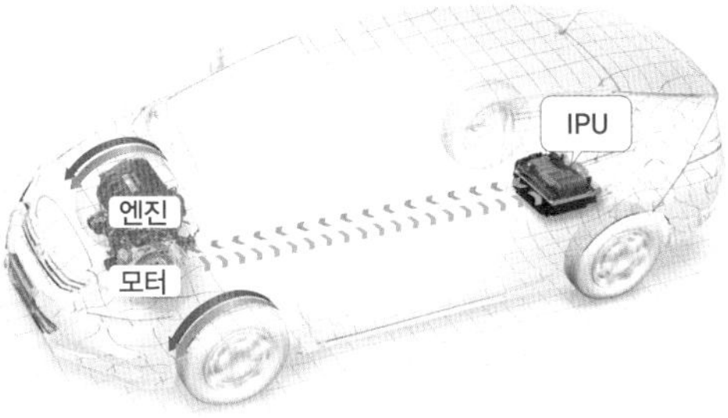

엔진과 모터는 자동차의 앞부분에 배치하고, 제어부인 'IPU(지능형 전원 장치)'와 배터리는 뒷부분에 둔다. 엔진과 모터로 앞바퀴를 구동한다. 모터는 속도를 줄일 때나 배터리의 축전량이 줄어들면 충전을 실시한다. 단순하고 간결한 시스템이다.

메르세데스 벤츠 'S클래스 하이브리드'의 시스템

그림 제공 : 다임러

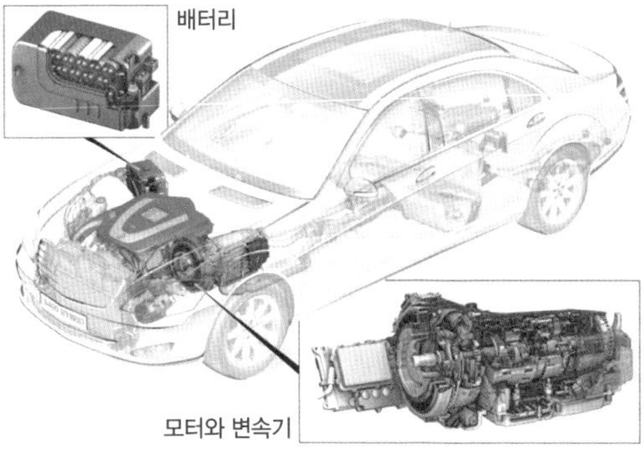

S클래스 하이브리드 시스템은 엔진과 모터가 힘을 합치는 병렬식이다. 변속기 앞쪽에 모터가 장착되어 있어서 구동과 발전을 담당한다. 고성능 리튬이온 전지를 기존의 배터리가 탑재되었던 공간(차체 앞부분)에 장착한다.

1-04 복합식 하이브리드 자동차

직렬식과 병렬식의 장점을 혼합하다

길이 막힐 때면 연비가 우수하다는 하이브리드 자동차의 강점이 특히 빛을 발한다. 저속 주행 상황에서 하이브리드 자동차는 엔진의 아이들링을 멈추고 모터로 천천히 움직일 수 있기 때문이다. 그러나 가솔린 엔진이 중심 역할을 하는 병렬식의 경우, 아이들링 스톱은 가능하지만 앞에서 이야기한 바와 같이 모터만으로 달리기에는 부족하다. 모터는 보조동력이므로 모터의 힘이나 배터리의 용량에 여유가 적고, 엔진을 멈추면 그만큼 저항이 발생한다. 이런 상황에서는 전기 자동차에 가까운 직렬식이 좋다.

그래서 하이브리드 자동차 시장의 개척자인 도요타 '프리우스'는 모터 주도형인 직렬식과 엔진 주도형인 병렬식을 상황에 맞춰 전환하는 **복합식**을 채용했다. 혼합식은 엔진이 타이어를 구동하고 발전도 한다. 또 배터리가 충분히 충전되어 있고 저속 주행이라면 모터만으로도 달릴 수 있다. 배터리는 정차 중에 엔진 아이들링을 이용해 충전할 수도 있다. 물론 큰 가속력이 필요할 때는 엔진과 모터의 힘을 총동원한다. 그러나 시스템이 복잡해지는 까닭에 제작 비용과 중량이 늘어나는 단점도 있다. 확실히 구조가 복잡한 시스템이지만 약점이 없는 만큼 이 시스템을 채용한 프리우스는 큰 인기를 끌었다.

복합식의 구조

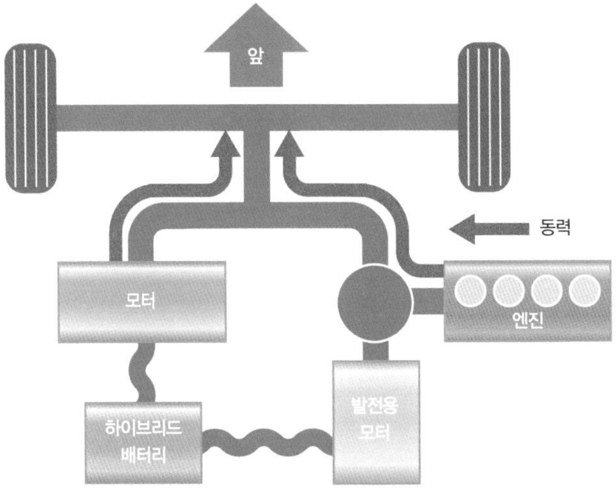

프리우스의 엔진은 타이어를 구동할 뿐만 아니라 저단에서 큰 감속비를 얻을 수 있는 유성 기어로 발전기를 돌린다. 기어 부분을 제어함으로써 구동용 모터와 엔진이 힘을 합치거나 반대로 모터만으로 주행할 수 있다. 정차 중에도 아이들링으로 발전기를 돌려 배터리를 충전할 수 있다.

프리우스의 '스트롱 하이브리드'

사진·그림 제공 : 도요타 자동차

스트롱 하이브리드를 뒷받침하는 시스템

고출력 하이브리드 배터리
고출력 모터에 최적의 전기를 공급한다.

엔진
우수한 엔진 효율을 실현한다.

고출력 모터
고출력 배터리의 전력으로
타이어를 구동한다.

발전용 모터
모터 주행 시에 더 큰 전력을 공급한다.

승압 컨버터가 부착된 파워 컨트롤 유닛
하이브리드 유닛 내부의 직류 전류와
교류 전류를 제어한다.

도요타는 이 혼합식 하이브리드를 '스트롱 하이브리드'라고 부른다. 구조가 복잡하고 고도의 제어가 필요한 방식이지만, 다른 하이브리드 시스템보다 제작 비용을 줄일 수 있다.

1-05 전기 자동차

낡고도 새로운 친환경 자동차가 등장하다

전기 자동차는 이제 상상 속의 자동차가 아니다. 세계적으로 전기 자동차의 판매량은 매년 급속히 늘어나고 있는 추세다. 전기 자동차의 장점은 무엇보다 '배기가스를 내뿜지 않는 깨끗한 자동차'라는 점이지만, 사실 그뿐만이 아니다.

첫째, **높은 에너지 효율**을 꼽을 수 있다. 가솔린 자동차는 가솔린이 지닌 에너지의 약 30퍼센트만을 끌어내 구동력으로 사용하지만, 전기 자동차는 전기 에너지의 약 80퍼센트를 구동력으로 변환해 사용한다. 발전이나 공급 과정에 어느 정도의 손실은 발생하지만 에너지 낭비가 매우 적은 편이다. 또한 요금이 저렴한 심야 전기를 사용해 충전하면 저연비를 자랑하는 가솔린 자동차의 10분의 1 정도밖에 연료비가 들지 않는다. 풍력 발전이나 태양광 발전 등으로 발전한 전기를 사용하면 더욱 친환경적인 이동 수단이 되는 셈이다.

둘째, **변속기가 필요 없다.** 가솔린 차량은 엔진의 회전수에 따라 구동력으로 변환할 수 있는 효율이 다르기 때문에 변속기로 속도와 회전수를 조절할 필요가 있다. 그러나 모터의 경우, 회전수에 상관없이 전력을 구동력으로 변환하는 효율의 차이가 거의 없다. 그래서 변속기가 필요 없다. 큰 힘이 필요할 때는 그만큼 전력을 더 공급하면 된다.

셋째, 전기 자동차는 **발진할 때의 가속이 매우 강력하다.** 모터는 정지 상태에서 회전을 시작할 때 가장 강한 힘을 발휘할 수 있기 때문이다. 강력한 발진 가속은 전기 자동차의 큰 특징이다. 파워 유닛의 거의 소리가 나지 않는 정숙성도 장점이다.

미쓰비시 'i-MiEV(아이미브)'

사진·그림 제공 : 미쓰비시 자동차

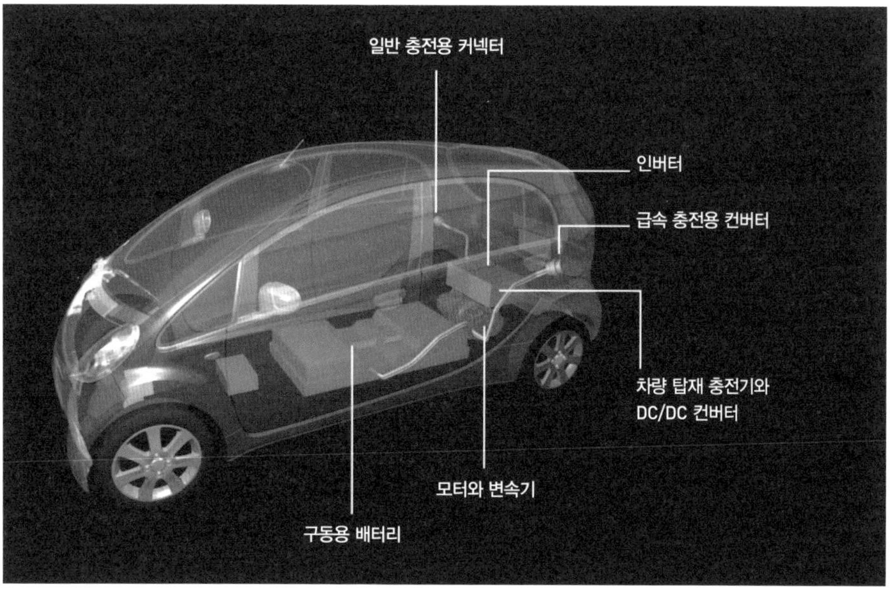

미쓰비시의 'i-MiEV(Mitsubishi innovative Electric Vehicle)'는 경자동차인 미쓰비시 'i(아이)'를 바탕으로 엔진 대신 모터를, 가솔린 탱크 대신 리튬이온 배터리를 탑재한 전기 자동차다. 변속기라고 적혀 있지만 실제로는 감속 기어가 장착되어 있을 뿐 변속기는 없다. i-MiEV는 경자동차를 웃도는 구동 성능에 항속 거리 160킬로미터를 자랑한다.

미쓰비시 'i-MiEV'의 시스템

그림 제공 : 미쓰비시 자동차

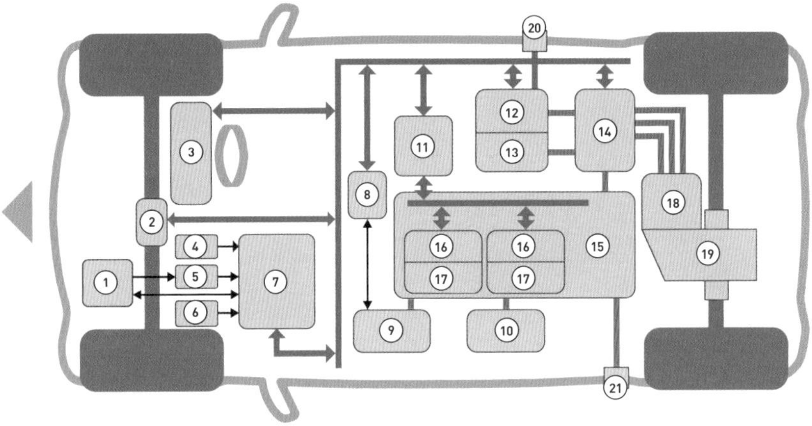

① 진공 펌프
② 전동 파워 스티어링
③ 콤비네이션 미터
④ 가속 페달
⑤ 브레이크
⑥ 변속 레버
⑦ 엔진 컨트롤 유닛
⑧ 에어컨 ECU
⑨ 전동 컴프레서
⑩ 히터
⑪ 배터리 제어 장치
⑫ 차량 탑재 충전기
⑬ DC/DC 컨버터
⑭ 인버터
⑮ 차량 내 제어용 네트워크
⑯ 셀 모니터 유닛
⑰ 구동용 전지
⑱ 모터
⑲ 감속 기어
⑳ 완속 충전용 커넥터
㉑ 급속 충전용 커넥터

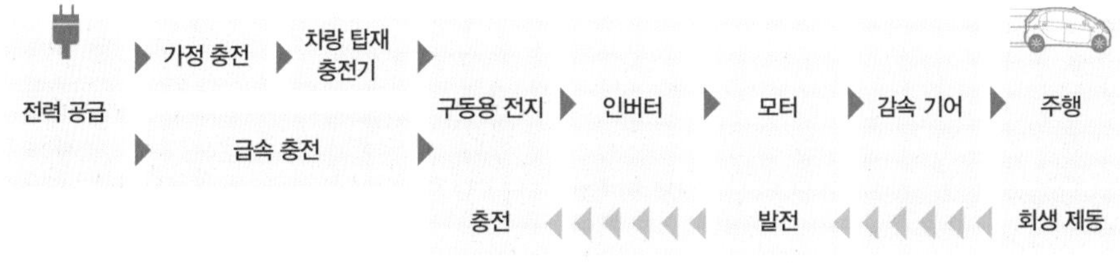

i-MiEV는 충전, 주행, 회생 제동, 에어컨, 파워 스티어링 등의 제어를 위해 시스템이 복잡하다. 일반 자동차는 냉각수에서 난방용 온풍을 만들어내지만 전기 자동차는 발열량이 적기 때문에 전기식 히터도 갖추고 있다.

닛산 '다마 전기 자동차'

사진 제공 : 닛산 자동차

닛산이 1947년에 판매한 전기 자동차다. 직류 모터와 납축전지를 조합했다. 최고 속도 시속 35킬로미터에 항속 거리는 65킬로미터다.

야자키 총업의 전기 자동차 관련 부품

자동차 부품 제조 회사인 야사키 총업이 전기 자동차 제조 회사에 공급한 전기 자동차 관련 부품을 전시한 모습. 섀시 위에 모터와 전력을 변환하는 인버터(구동용과 충전용), 배터리 등이 단순하게 정리되어 있다. 항속 거리나 충전 시간은 배터리의 탑재량에 따라 결정되는데, 배터리 가격은 직접적으로 자동차 가격에 영향을 미친다. 배터리 가격이 극적으로 하락하지 않는 이상, 전기 자동차가 단번에 가솔린 자동차를 대체하지는 못할 것이다.

1-06 플러그인 하이브리드

가정에서도 충전할 수 있다

기존 하이브리드 자동차는 배터리를 본체의 엔진으로만 충전할 수 있었다. 그래서 하이브리드 자동차는 배터리의 축전량이 줄어들면 엔진을 사용해 배터리를 충전하거나 모터를 사용한 주행을 포기하고 엔진으로 달리는 수밖에 없었다. 그런데 주차할 때 배터리를 충전할 수 있다면 모터만으로 달릴 수 있는 시간이 늘어난다. 그렇다고 해서 모터를 이용한 항속거리가 늘어나지는 않지만, 모터만을 사용해 달릴 수 있는 거리가 매일 확실히 확보되는 것은 커다란 이점이다.

이것이 **플러그인 하이브리드**plug-in HEV라는 시스템이다. 플러그인이란 '전원 플러그를 꽂는다'는 의미로, 외부에서 충전할 수 있다는 말이다. 요컨대 플러그인 하이브리드 자동차는 자택의 주차 공간에 있는 가정용 전원을 이용해 충전을 한다.

근처 시장으로 매일 장을 보러 갈 때, 플러그인 하이브리드 자동차를 이용한다면 **전기자동차와 똑같은 방식으로 사용할 수 있을 것**이다. 만약 급속 충전 스탠드가 시장에 있는 주차장에 설치되어 있다면, 장을 보는 사이에 배터리를 충전할 수도 있다. 가솔린은 장거리 주행을 할 때만 사용할지도 모른다.

현재 판매 중인 도요타 '프리우스'의 일부 모델은 차량의 지붕에 태양 전지 패널을 탑재해서 태양광으로 발전한 전력도 활용할 수 있다. 여기에 플러그인 하이브리드를 채용한다면 연비 성능은 비약적으로 향상될 것이다. 머지않아 플러그인 하이브리드 기술은 대부분의 차량에 적용될 것으로 기대된다.

플러그인 하이브리드 자동차 '프리우스'의 충전 스탠드

사진 제공 : 도요타 자동차

프리우스가 충전 스탠드에서 충전하는 모습. 쇼핑센터 같은 상업 시설에 충전 스탠드가 설치된다면 주차 중에 충전할 수 있고, 가솔린을 사용하지 않고 주행할 수 있는 거리가 증가한다.

충전 중의 모니터 화면

사진 제공 : 도요타 자동차

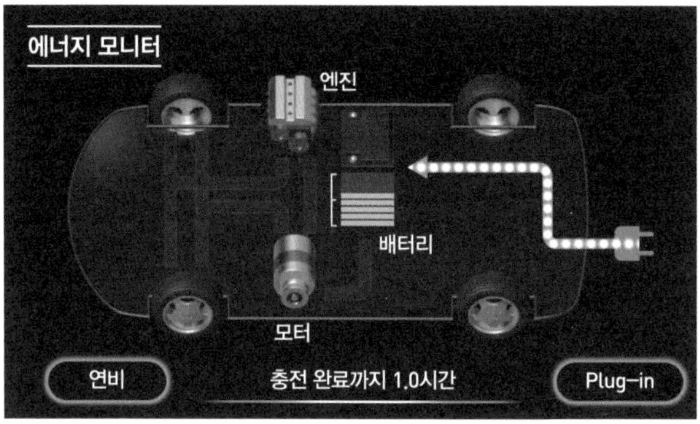

충전 중에는 완전히 정지한 상태이므로 모니터를 볼 필요가 없다. 그러나 충전 상태를 확인하기 위해 화면처럼 외부 충전 상태를 보여주는 모드도 설정이 가능하다.

가정에서 충전하는 모습

사진 제공 : 도요타 자동차

플러그인 하이브리드 자동차의 충전은 자택에서 야간에 실시할 때가 많을 것이다. 저렴한 심야 전력을 사용해 출퇴근이나 쇼핑에 이용할 수 있을 만큼의 전기를 충전할 수 있다면 가솔린 소비가 크게 억제되어 현행 하이브리드 자동차보다 연료 소비 효율이 두 배가량 좋아질 것이라고 한다.

1-07 연료 전지 자동차

충전 없이 수소로 전기를 만들어내다

수소와 산소의 화학 반응에서 전기를 만들어 내는 **연료 전지 자동차**Fuel Cell Electric Vehicle, FCEV는 전기 자동차의 일종이다. 사실 연료 전지의 구조는 가솔린 엔진보다 먼저 발명되었고 1960년대에 자동차 제조 회사가 연료 전지 자동차를 시험 제작한 적도 있었다. 하지만 가솔린 엔진의 성능이 향상되면서 최근까지도 빛을 보지 못하고 있었다. 그러다 21세기에 들어와 다시 주목을 받게 되었고, 세계 각국의 자동차 제조 회사가 또다시 비밀리에 시험 모델을 제작하기에 이르렀다.

연료 전지 자동차가 일반 전기 자동차와 다른 점은 무엇보다도 **전기를 만들면서 달린다**는 점이다. 연료 전지는 전기를 만드는 원료와 전기를 만드는 기계를 조합한 시스템으로, 일반적인 전지나 충전지와 달리 연료를 보급하면 전기를 지속적으로 만들 수 있다.

다만 연료 전지 자동차도 실제로는 어느 정도까지 달릴 수 있는 전기를 축적한 배터리를 탑재하고 있으며, 발진할 때는 배터리의 전력을 사용한다. 또 큰 힘이 필요할 때는 배터리와 연료 전지의 전력을 함께 사용해 모터를 돌린다. 반대로 일반 주행을 할 때는 배터리의 축전량을 관리하면서 연료 전지의 전력을 사용해 달리거나 배터리를 충전하면서 달린다.

연료 전지 자동차는 언뜻 약점이 없는 전기 자동차처럼 보이지만, 수소를 어떻게 공급할 것이며 백금 같은 값비싼 희귀 금속을 이용하는 촉매의 생산 비용을 어떻게 낮출 것인가가 과제로 남아 있다.

닛산 자동차의 연료 전지 시스템

그림 제공 : 닛산 자동차

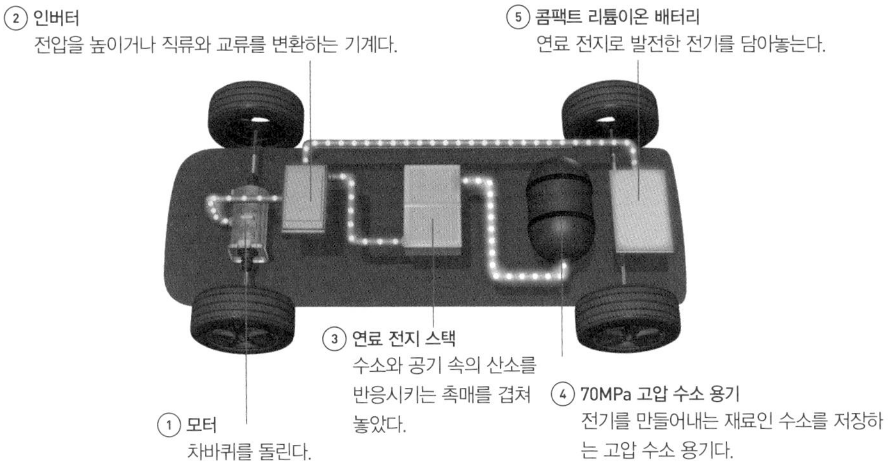

발진할 때에는 배터리에서 전력을 공급하고, 발전한 전력을 사용하면서 달린다. 주행 중에 발전한 전력의 잉여분이나 신호 대기 등 대기 시간에 발전한 전기를 배터리에 모아놓음으로써 연료 전지 스택의 용량을 소형화했다.

연료 전지 자동차의 엔진 룸 내부

사진 제공 : 닛산 자동차

연료 전지 스택은 필요한 전류를 만들어낸다. 또 인버터에서 발생하는 열을 냉각하기 위한 장치도 탑재되어 있다. 사진처럼 기존 가솔린 자동차의 차체를 이용한 연료 전지 자동차의 경우, 발전에 필요한 장치의 대부분을 엔진 룸에 싣는다.

1-08 수소 로터리 하이브리드 시스템

수소 로터리 엔진과 하이브리드 기술을 합치다

'로터리 엔진'을 상용화한 곳은 일본의 마쓰다뿐인데, 마쓰다는 그 로터리 엔진을 '수소'로 움직이는 엔진으로 탈바꿈시켰다. 그것이 바로 **수소 로터리 엔진**이다. 수소 로터리 엔진은 2006년 2월에 'RX-8 하이드로겐 RE'로서 첫선을 보였다. 물만 배출하는 엔진이기 때문에 매우 친환경적인 기술이라고 할 수 있다.

수소 로터리 엔진에는 수소뿐만 아니라 가솔린도 사용할 수 있는 **이중 연료 시스템**Dual Fuel System을 채용했다. 구조가 단순해서 다양한 연료에 대응하기 용이한 로터리 엔진의 특징을 잘 살렸다고 할 수 있다.

게다가 2008년에 마쓰다는 수소 로터리 엔진에 하이브리드 시스템을 조합한 **프리머시 하이드로겐 RE 하이브리드**Premacy Hydrogen RE Hybrid를 개발했다. 수소 로터리 엔진은 발전기로서 작동하고 여기에서 만들어낸 전기로 모터를 구동하는 것이다. 요컨대 앞에서 소개한 직렬식 시스템이다. 이 경우 수소 로터리 엔진을 발전기로 활용하고 일정한 회전수로 운전시킬 수 있기 때문에 연료 소비를 크게 줄일 수 있다. 수소 로터리 엔진의 효율을 더욱 높이는 하이브리드 시스템인 것이다.

RX-8 하이드로겐 RE

사진 제공 : 마쓰다

업계 최초로 수소를 연료로 사용한 자동차다. 2006년부터 리스 형태로 판매를 시작했다. 수소뿐만 아니라 가솔린도 연료로 사용할 수 있는 이중 연료 사양이라 수소 스탠드가 근처에 없어도 주행이 가능하다. 수소를 연료로 사용할 경우는 최고 출력과 항속 거리가 감소하지만, 배기가스가 깨끗하며 이산화탄소도 배출하지 않는다.

수소 로터리 엔진

사진 제공 : 마쓰다

로터리 엔진은 구조가 단순하지만 직접 회전을 하기 때문에 혼합기를 빨아들이는 장소와 연소하는 장소가 다르다. 그래서 불타기 쉬운 수소를 연료로 사용하기에 적합하다. 사진 속 엔진은 가솔린 분사 장치와 수소 분사 장치를 모두 갖추고 있어 기존의 로터리 엔진과 마찬가지로 가솔린도 연료로 사용할 수 있다.

수소 충전소

사진 제공 : 마쓰다

마쓰다가 히로시마에 개설한 수소 충전소. 수소를 연료로 사용하는 자동차는 주유소처럼 수소를 보급하는 설비가 필요하다. 수소는 저장이 어렵고 자동차에 충전해놓을 수 있는 기간도 짧다. 이렇듯 해결해야 할 과제가 남아 있지만 클린 에너지로서 기대를 받고 있다.

프리머시 하이드로겐 RE 하이브리드

사진 제공 : 마쓰다

사진 속 자동차는 'RX-8 하이드로겐 RE'로 쌓은 수소 로터리 엔진 기술과 하이브리드 기술을 합친 차량이다. 수소를 연료로 사용해 모터를 구동한다는 점은 연료 전지 자동차와 같다. 효율은 연료 전지 자동차가 더 좋을지 모르지만 자동차의 생산 비용을 고려하면 수소 로터리 엔진 자동차도 이점이 있다.

엔진 룸

사진 제공 : 마쓰다

프리머시 하이드로겐 RE 하이브리드의 수소 로터리 엔진은 발전기를 돌릴 뿐이며, 주행하기 위한 힘은 모터가 만들어 낸다. 이렇게 하면 수소 로터리 엔진의 단점인 약한 힘과 엔진 회전수의 변화, 부하의 변화에 따른 연비의 악화를 방지해 좀 더 효율적으로 수소를 이용할 수 있다.

후방 적재 공간

사진 제공 : 마쓰다

프리머시 하이드로겐 RE 하이브리드의 수소 저장 탱크는 후방의 적재 공간에 있다. 적재 능력은 높지 않지만 5인 승차와 화물 적재가 가능하다. 수소를 이용한 항속거리는 RX-8 하이드로겐 RE의 약 두 배인 200킬로미터까지 늘어났다.

1-09 비귀금속 액체 연료 전지

기존 연료 전지의 단점을 극복하다

다이하쓰는 기존 연료 전지 자동차의 단점을 해결하는 **비귀금속 액체 연료 전지**PMfLFC*라는 이름의 연료 전지 시스템을 개발하고 있다. 이 시스템에는 그 이름처럼 '비非귀금속', '액체 연료 전지'라는 두 가지 커다란 특징이 있다.

먼저, 비귀금속이라는 점부터 설명하겠다. 기존의 연료 전지는 산성 환경에서 화학 반응을 일으켜 발전한다. 그래서 전극의 촉매로 내식성이 높은 희귀 금속인 '백금'을 사용해왔다. 그러나 비귀금속 액체 연료 전지는 알칼리성 환경에서 화학 반응을 일으켜 발전하기 때문에 전극의 촉매로 매장량이 풍부한 '코발트'나 '니켈'을 사용한다. 즉, **저렴한 가격으로 촉매 제작**을 할 수 있다는 것이다.

다음에는 액체 연료 전지라는 점을 살펴보자. 기존의 연료 전지는 산소를 수소 가스와 반응시키는데, 수소 가스를 공급하는 '탱크'를 주유소처럼 많이 만들기는 쉬운 일이 아니다. 금속을 통과할 만큼 작은 수소 원자를 안정적으로 가두고 초고압 혹은 초저온 상태로 저장해야 하기 때문이다. 그러나 비귀금속 액체 연료 전지는 **하이드라진 수화물**Hydrazine hydrate이라는 액체 연료를 사용한다. 액체라서 취급이 간단하고, 가열하지 않으면 잘 불타지 않으며, 휘발성도 낮아서 가솔린보다 안전하다. 액체 연료는 수소, 질소, 물 등으로 구성된 암모니아에 매우 가깝게 조성된 합성 연료로, 공기에서 만들어낼 수 있으며 이산화탄소를 배출하지 않는다. 또 액체 연료 전지는 연료를 액체 상태로 산소나 수증기와 반응시키기 때문에 더 높은 발전 효율을 자랑한다.

★ PMfLFC : Precious Metal-free Liquid-feed Fuel Cell

비귀금속 액체 연료 전지 자동차의 섀시 모델

연료 탱크와 구동 모터, 전기를 만들어내는 연료 전지 스택 외에 기체와 액체를 분리하는 장치와 수분을 분리하는 장치, 가습기 등이 탑재되어 있다.

비귀금속 액체 연료 전지를 탑재한 축척 모형. 아직 상용화하기에는 무리지만 실제 주행 차량을 길거리에서 보는 것도 시간문제다. 기존의 '고압 수소 탱크식'보다 현실적인 연료 전지 자동차인지도 모른다.

1-10 친환경 자동차의 새로운 역할

자동차가 가정에 전력을 공급한다

하이브리드 자동차나 전기 자동차는 기존의 가솔린 자동차보다 배터리를 많이 탑재한다. 이런 자동차는 가정의 저렴한 심야 전력으로 충전하거나 외부의 상업 시설에서 충전하는 '플러그인 방식'이 기본이 될 것이다. 그리고 이 배터리를 활용하는 새로운 이용법이 제안되기도 하였다.

미쓰비시는 'PX-MiEV'라는 플러그인 하이브리드 자동차를 선보인 적이 있다. PX-MiEV는 직렬식과 병렬식 양쪽을 함께 갖추고 있으며 FF Front engine Front wheel drive로도, 4WD사륜구동로도, 전기 자동차 모드로도 달릴 수 있는 자동차다.

PX-MiEV의 충전 커넥터 부분을 보면 급속 충전용과 가정용 충전 커넥터 사이에 가정용 교류 콘센트가 탑재되어 있다. 이것은 PX-MiEV의 구동용 배터리로 가정에 교류 전기를 공급할 수 있는 급전給電 모드다.

하이브리드 자동차나 전기 자동차에서 가정으로 전력을 공급할 수 있으면 심야 전력을 주간에 가정용 전력으로 이용할 수 있을 뿐만 아니라, 재해가 발생했을 때 비상용 전원으로도 활용할 수 있다. 플러그인 하이브리드 자동차가 있으면 일반 가정의 경우 하룻밤 정도는 쓸 수 있는 전원을 공급할 수 있다. 또 배터리의 축전량이 부족할 경우 엔진을 시동해서 충전이나 급전도 할 수 있다.

가솔린 자동차로도 발전기와 인버터를 이용해 전력을 공급할 수는 있다. 그러나 플러그인 하이브리드 자동차나 전기 자동차가 보급되면 좀 더 간편하고 안전한 비상용 전원으로 이용할 수 있을 것이다.

미쓰비시의 콘셉트 카 'PX-MiEV'

사진 제공 : 미쓰비시 자동차

쾌적한 시가지 주행과 험로 주파, 깨끗한 배기가스와 에너지 절약을 실현한다. 엔진은 1.6리터의 가솔린 직접 분사 엔진을 탑재했고, 앞뒤에 구동용 모터를 장착했다.

PX-MiEV의 충전용 커넥터 부분

사진 제공 : 미쓰비시 자동차

왼쪽이 상업 시설 등의 급속 충전 스탠드에서 충전할 때 사용하는 커넥터이고, 오른쪽이 일반 가정의 전원에서 충전할 때 사용하는 커넥터다. 그 사이에 있는 콘센트는 가정의 콘센트와 마찬가지로 가전제품 등에 전력을 공급하기 위한 것이다. 이것은 IT 기술과 전력망을 결합해서 에너지의 효율적인 이용을 지향하는 '스마트 그리드 구상'을 바탕으로 한 효과적인 전력 이용법이다.

1-11 ECU(Engine Control Unit)

컴퓨터가 엔진을 총괄한다

'ECU'는 엔진을 통제하는 두뇌다. ECU가 제어하는 중요한 기능 중 하나는 **인젝터**injector, 연료 분사 장치이다. 인젝션은 엔진이 공기를 빨아들이는 양에 맞춰서 연료를 분사하는 장치다. ECU는 주행 상태에 맞춰 알맞은 양의 연료를 엔진에 분사함으로써 주행 상황에 따른 최적의 출력과 연료 소비 효율, 가스 배출량 감소를 실현한다.

ECU는 가속 페달을 밟은 정도, 엔진의 회전수, 엔진 냉각수의 온도, 공기 흡입량 등을 바탕으로 연료 분사량을 결정한다. 또한 연료의 분사량뿐만 아니라 점화 플러그의 점화시기도 조정하는 등 엔진 전체를 제어하는 '감독' 역할을 한다.

현재는 엔진뿐만 아니라 AT Automatic Transmission, 자동 변속기나 에어컨, 발전기 등의 보조기구류, 나아가 서스펜션 같은 주행 성능과 관련된 기능까지 제어한다. 그래서 최근에는 ECU를 Electronic Control Unit 전자 제어 장치의 약자로 사용하는 것이 일반적이다.

참고로 인젝터가 등장하기 이전에는 **기화기**라는 부품으로 혼합기가솔린 등의 연료와 공기가 일정 비율로 섞인 것를 엔진의 실린더 안에 공급했다. 그러나 1970년대에 자동차의 배기가스가 대기 오염의 원인으로 지목됨에 따라 배기가스를 정화하는 촉매가 제 기능을 충분히 발휘하도록 연료와 공기의 혼합비를 더욱 정확히 조정해야 할 필요가 생겼고, 이에 따라 기화기는 모습을 감추게 되었다.

ECU, 엔진 컨트롤 유닛의 구조

그림 제공 : 보쉬

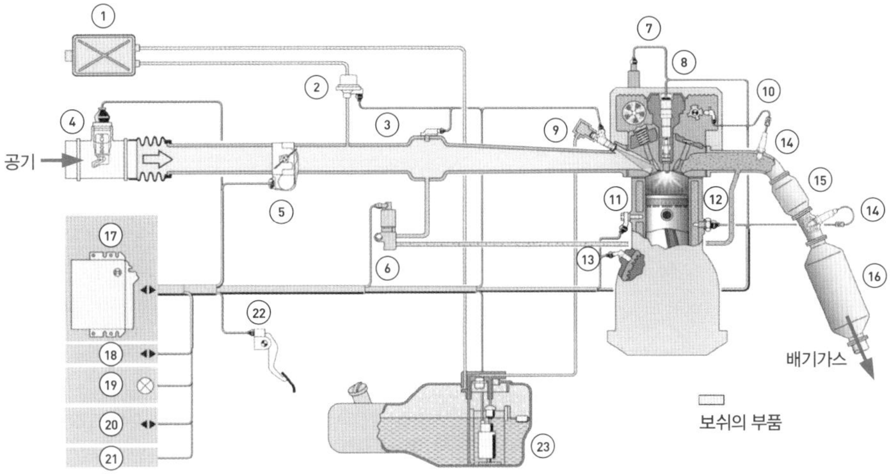

① 증발 연료 흡수 장치	⑨ 연료 인젝터	⑰ 전자 제어 장치
② 증발 연료 개방 밸브	⑩ 페이즈 센서	⑱ 차량 내 제어용 네트워크
③ 흡기 온도 센서	⑪ 노킹 센서	⑲ 엔진 경고등
④ 공기 유량 계측기	⑫ 수온 센서	⑳ 자기 진단 커넥터
⑤ 스로틀 밸브	⑬ 속도 센서	㉑ 이모빌라이저(도난 방지 장치)
⑥ EGR 밸브	⑭ 산소 센서	㉒ 가속 페달
⑦ 캠각도 센서	⑮ 근접 촉매	㉓ 연료 펌프
⑧ 점화 코일/점화 플러그	⑯ 주촉매	

ECU는 공기량, 스로틀 밸브의 개방 상태, 엔진 회전수 등을 바탕으로 연료의 분사량을 결정한다. 연료의 분사 타이밍은 크랭크각 센서나 캠각 센서 등으로 콘트롤되고, 연료의 증감은 수온 센서와 노킹 센서로 조정된다. 점화 플러그의 점화 타이밍은 크랭크각 센서와 캠각 센서, 노킹 센서 등에 따라 결정된다. 또 배기가스의 경우 산소 센서가 잔류 산소량을 바탕으로 연료의 농도를 추측하며, 연료가 너무 농후하거나 희박하면 즉시 연료의 양을 늘리거나 줄인다.

1-12 협조 제어

복수의 ECU가 연동해 각 부분을 조작한다

자동차에 컴퓨터가 이용되고 있는 것은 잘 알려진 사실이다. 그런데 어떻게, 얼마나 이용되고 있는지 알고 있는가? 엔진에 전자 제어가 처음 사용되었을 때는 자동차에 ECU가 하나뿐이었으며 성능도 당시 게임기 수준이었다. 그런데 시간이 지나면서 ECU가 연료 분사뿐만 아니라 점화 시기의 제어까지 담당했고, 나아가 자동 변속기와 ABS, 자동 에어컨, 가변 댐퍼와 카 내비게이션까지 제어하게 되었다. 현재 자동차는 전자 제어 부품이나 장비가 많고 복잡해서, 최신 고급차쯤 되면 50개가 넘는 ECU가 탑재된다.

ECU는 센서나 스위치에서 보낸 정보를 받아서 판단하고 작동하는데, 각각의 ECU는 서로 연락하면서 기능한다. 정보를 전달해 작동시키는 단순한 목적이 아니라 **같은 목적을 향해 복수의 장치가 연계하는 것이다.**

예컨대 엔진과 자동 변속기는 각각 별도로 제어되지만, 자동 변속기가 변속을 해서 기어를 높일 때 운전자가 가속 페달을 계속 밟고 있더라도 가속 페달을 살짝 닫아서 연료 공급량을 줄이는 편이 좋다. 기어 변환이 원활해지고 쾌적하게 달릴 수 있기 때문이다.

이와 같이 2개 이상의 ECU를 연계해 작동시키는 것을 **협조 제어**라고 한다. 협조 제어는 자동차에 전자 제어 장치가 많이 탑재될수록 고도화되고 있다.

패밀리카 중에는 '환경 모드'를 설정하면 에어컨과 엔진, 자동 변속기의 특성을 좀 더 저연비 지향으로 변경하는 등 경제성을 높이는 협조 제어를 하는 자동차도 있다.

자동차의 ECU는 연동해서 작동한다

사진 제공 : ZF Friedrichshafen AG

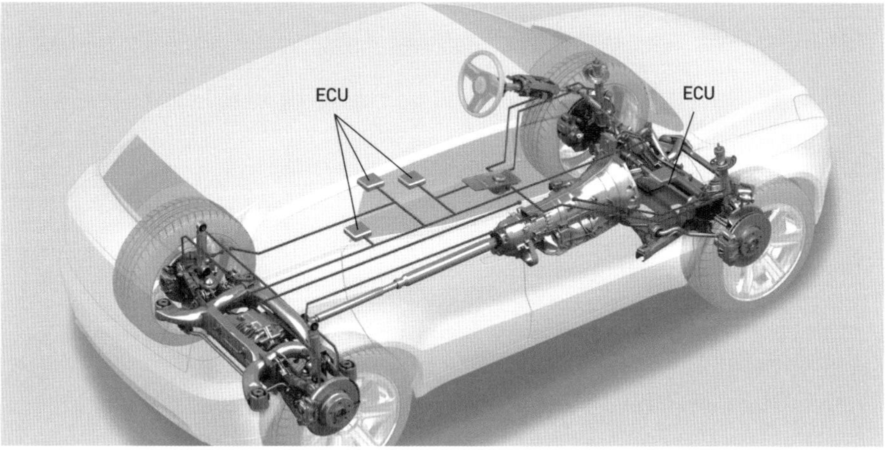

엔진과 자동 변속기, 브레이크, 서스펜션의 댐퍼 등 주행에 관여하는 전자 제어 부품은 각각을 제어하는 ECU가 서로 연계함으로써 원활하고 안전한 주행을 실현한다. 이런 종합적인 제어를 통해 스위치 하나만 누르면 자동차의 주행 감각을 완전히 바꿀 수도 있다. 상황에 맞춰 패밀리카와 스포츠 세단의 주행 성능을 구현할 수 있는 자동차가 있는 것도 협조 제어 덕분이다.

ICM의 구조

사진 제공 : BMW

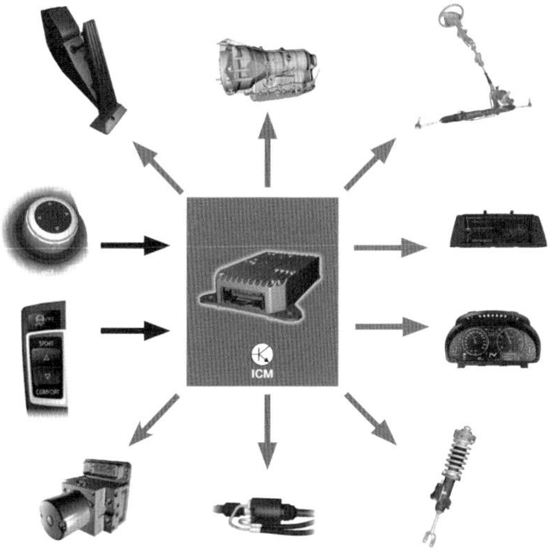

BMW는 ICM(Integrated Chassis Management)이라는 시스템을 채용했다. 우리말로는 '집중형 섀시 제어'라고 하는데, 주행 성능과 관련된 모든 제어를 집중 관리하는 ECU를 설치해 각각의 전자 제어 부품을 상황에 맞게 사용할 수 있도록 했다. 제어 계통이 정리됨에 따라 차종별 장비를 손쉽게 교체할 수 있으며, 모델 체인지 등으로 사양을 바꿀 경우의 번잡함도 해소되었다.

1-13 가변 흡기 매니폴드

항상 최대의 흡기를 실현한다

일반적인 왕복동 엔진은 피스톤을 왕복시켜서 흡기, 압축, 점화, 연소, 팽창, 배기를 실시하는데, 무엇보다 왕복 행정의 효율을 높이는 것이 성능 향상의 포인트다. 흡기 행정의 효율이 나쁘면 아무리 배기 행정의 효율을 높여도 별다른 효과를 볼 수 없다.

이러한 흡기 행정에서 큰 역할을 하는 것이 '흡기 매니폴드'다. 흡기 매니폴드는 공기 청정기에어 클리너를 통해 흡기된 공기를 실린더로 보내는 파이프다. 저속 회전 영역에서는 흡기 매니폴드가 가늘고 길수록 토크를 발생시키기 쉽다. 하지만 고속 회전 영역에 들어서면 단시간에 혼합기를 실린더에 채워야 하기 때문에 굵고 짧은 매니폴드가 좋다. 그래서 엔진의 저속과 고속 영역 모두에서 높은 성능을 발휘할 수 있도록 흡기 매니폴드의 길이를 바꿀 수 있는 **가변 흡기 매니폴드**를 채용한 엔진이 있다.

최초의 가변 흡기 매니폴드는 V형 엔진의 V뱅크 사이에 소용돌이 모양의 흡기 매니폴드를 설치하고 혼합기 유동 경로를 전환시킴으로써 **흡기 매니폴드의 실제 길이를 바꾸는 방식**이었다. 지금은 많은 자동차 제조 회사가 V형 엔진뿐만 아니라 직렬 엔진에도 가변 흡기 시스템을 채용하고 있다.

또한 자동차 제조 회사들은 부단한 기술 개발을 통해 단순히 흡기 매니폴드의 길이를 바꾸는 것이 아니라 저속 회전일 때는 흡기 밸브 두 개 중 한 개를 쉬게 하거나 한쪽의 흡기 포트를 닫는 등 흡기 효율을 개선하기 위한 다양한 시도를 하고 있다.

도요타의 '플랩식' 가변 흡기관 시스템

사진 제공 : 도요타 자동차 ·

도요타 엔진 '3ZR-FE형'에는 밸브매틱 같은 최신 흡배기 제어 기술이 도입되었다. 그러나 중저속 영역에서의 토크와 고속 회전 영역에서의 힘을 양립시키려면 가변식 흡배기 시스템도 필요하다. 엔진 앞쪽에 달려 있는 검은 소용돌이 모양의 부품이 공기를 엔진으로 유도하는 흡기 매니폴드다. 저속 회전을 할 때 공기는 중심에서 소용돌이 치듯이 바깥쪽을 향해 흐르지만, 고속 회전을 할 때는 중간쯤에 있는 플랩이 열려서 흡기 매니폴드의 길이를 줄인다.

혼다의 '버터플라이 밸브식' 가변 흡기관 시스템

사진 제공 : 혼다기연공업

2리터짜리 i-VTEC을 장착한 직렬 4기통 엔진에는 1기통씩 독립된 버터플라이 밸브식 가변 흡기관 시스템이 있다. 엔진 회전을 제어하는 스로틀 밸브에 매우 가까운 구조다. 플랩식에 비해 작동이 확실해 원하는 과도 특성을 얻기 쉽다.

1-14 가변 밸브 타이밍 기구

모든 영역에서 엔진의 효율을 높인다

옛날 자동차 중에서도 실용성을 강조한 차는 1,000rpm에서 4,000rpm 부근의 저속 회전 영역에서 가장 효율이 좋은 저속 회전형 엔진을 탑재했다. 저속 회전형 엔진은 무리하게 엔진을 고속 회전 영역까지 돌려도 가속력이 저하된다.

반대로 스포츠카에 탑재된 고속 회전형 엔진은 7,000rpm이나 8,000rpm 같은 고속 회전 영역에서 연료를 효율적으로 연소하고 고출력을 낸다. 그러나 반대로 3,000rpm 정도까지는 힘이 나지 않아서 가다 서다 하는 일이 많은 시가지 주행에는 적합하지 않다. 이와 같은 일이 일어나는 원인은 엔진의 흡기와 배기를 실시하는 '밸브'의 개폐가 항상 일정하기 때문이다.

이 문제를 해결하기 위해 폭넓은 회전수 영역에서 효율적으로 운전할 수 있도록 한 것이 **가변 밸브 타이밍 기구**다. 이 기구는 저속 회전 영역에서는 일반적인 타이밍에 밸브를 여닫고, 고속 회전 영역에서는 밸브의 개폐 타이밍을 늦춤으로써 충전 효율을 높인다.

혼다의 'VTEC Variable Valve Timing and Lift Electronic Control'나 포르쉐의 '배리오캠 플러스' 처럼 캠 자체를 바꾸는 유형은 밸브의 개폐 시간도 변한다. 또 미쓰비시의 'MIVCE'처럼 캠축 스프로킷을 이용해 타이밍을 바꾸는 가변 기구는 개폐 시간 자체는 바뀌지 않지만 타이밍이 연속적으로 변하면서 유연한 출력 특성을 얻을 수 있기 때문에 폭넓게 사용되고 있다. 연비가 우수한 밀러 사이클 Miller cycle 엔진도 가변 밸브 타이밍 기구를 이용해 부하가 적을 때는 흡기 밸브를 늦게 닫아서 흡기량을 줄인다.

혼다 VTEC의 구조

참고 : 혼다기연공업 홈페이지

저속 회전 시

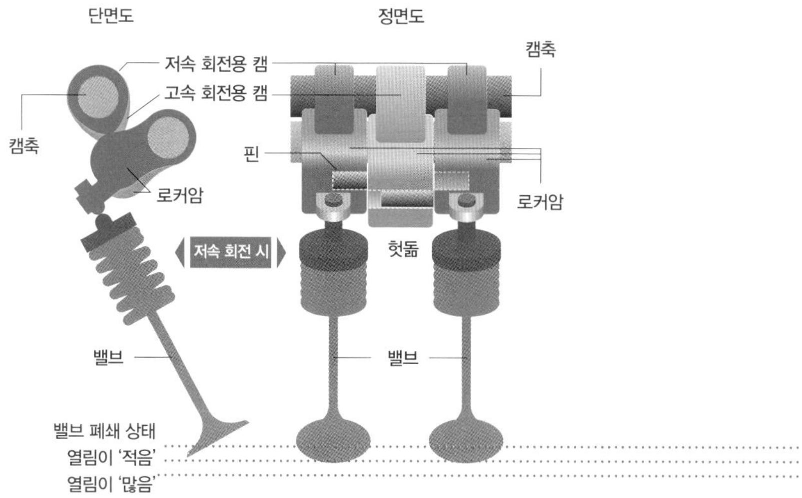

고속 회전 시

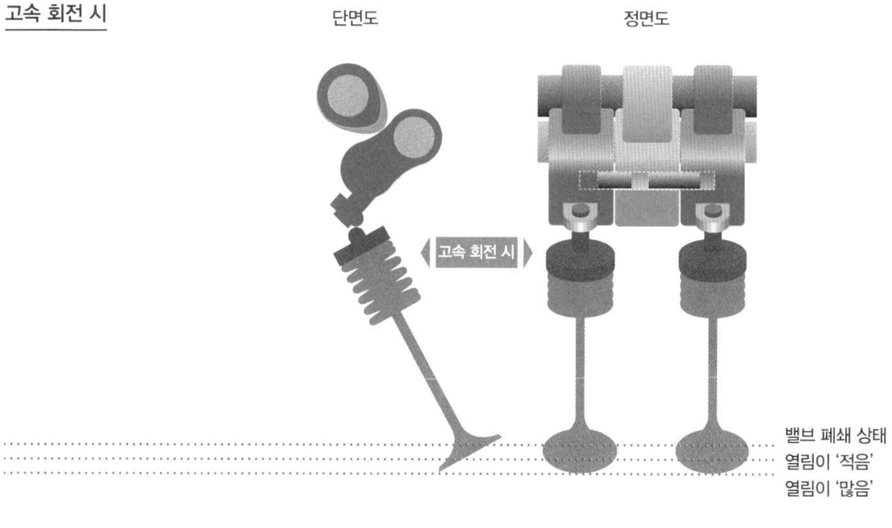

혼다의 가변 밸브 타이밍 기구인 'VTEC'은 로커암 속의 '핀'을 움직여서 저속 회전용 캠과 고속 회전용 캠을 상황에 맞춰 사용한다. 밸브가 열려 있는 시간이나 밸브의 리프트 양 등을 바꿈으로써 저속 회전의 운전 용이성과 고속 회전의 고출력을 동시에 실현했다.

미쓰비시의 'MIVEC'

그림 제공 : 미쓰비시 자동차

흡배기 연속 가변 밸브 타이밍(MIVEC)

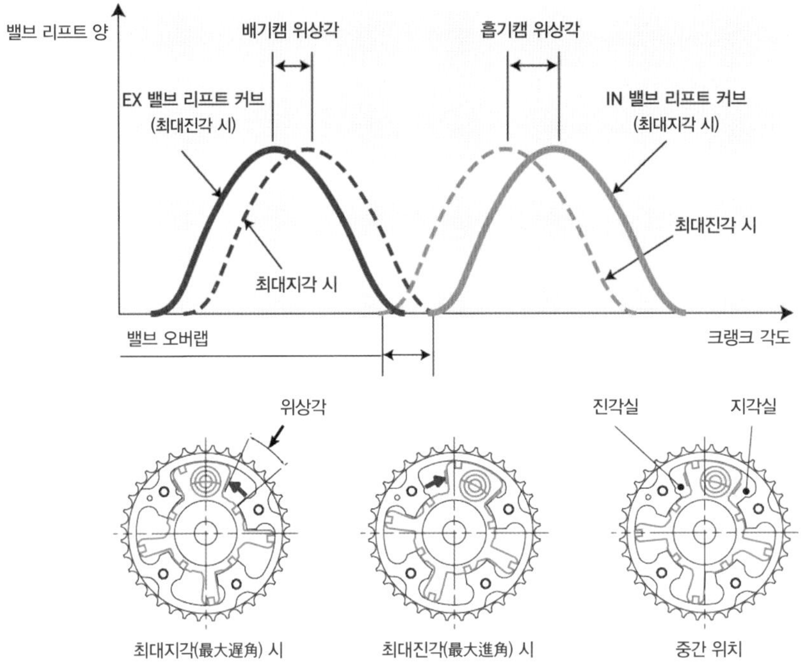

대부분의 자동차 제조 회사는 캠축을 돌리는 스프로킷을 이중 구조로 만든다. 그리고 유압으로 위치를 조정해 밸브 개폐 타이밍을 바꾼다. 미쓰비시의 'MIVEC(Mitsubishi Innovative Valve timing Electronic Control system)'도 그중 하나인데, 기존의 저속 · 고속 '전환식'에서 연속적으로 변화시키는 '무단계식'으로 진화했다. 흡기하는 쪽과 배기하는 쪽의 밸브 타이밍을 분리해 연속적으로 변화시킴으로써 효율적으로 가솔린을 연소한다. 이 덕분에 강한 힘을 내면서도 저연비를 실현한 엔진을 만들 수 있었다.

AMG의 가변 밸브 타이밍 기구

사진 제공 : 다임러

메르세데스 벤츠가 고성능 브랜드 'AMG'의 엔진에 채용한 가변 밸브 타이밍 기구. 미쓰비시의 MIVEC와 같은 구조다. 캠 스프로킷(투명한 덮개로 덮인 곳)이 가변 기구의 주된 부분이다. 이를 통해 6,200cc의 배기량에서 501ps의 마력을 발휘한다. 저속 토크도 충분히 확보해 운전성이 좋고, 엄격한 배기가스 규제를 통과했으면서도 연비 성능 또한 양호하다.

'렉서스 IS F' 엔진의 가변 밸브 타이밍 기구

사진 제공 : 도요타 자동차

렉서스 IS F의 V8 엔진에는 흡기하는 쪽과 배기하는 쪽에 가변 밸브 타이밍 기구를 가진 'Dual VVT-i'가 있다. 흡기하는 쪽은 무단계로 가변하는 전동 연속형 'VVT-iE'를 통해 좀 더 치밀하고 폭넓은 가변 제어가 가능하다. 가변 방식은 캠 스프로킷의 위상 변화를 이용하는 일반적인 유형이다. 도요타의 '프리우스'나 '렉서스 HS 250h' 등에 탑재된 앳킨슨 사이클을 응용한 엔진도 이 가변 밸브 타이밍 기구를 응용한 것이다.

1-15 가변 밸브 리프트 기구

엔진의 펌핑 손실을 줄인다

자연 흡기 엔진은 피스톤이 내려갈 때 발생하는 부압으로 혼합기를 빨아들인다. 그러나 혼합기는 연소실에 있는 흡기 밸브가 열린 순간부터 순간적으로 빨려 들어오기 때문에 흡기 밸브 자체가 흡기를 방해하는 저항이 되어버린다. 펌프처럼 공기를 빨아들일 때의 저항이기 때문에 이를 **펌핑 손실**이라고 부른다. 펌핑 손실은 흡기 밸브뿐만 아니라 흡배기와 관련된 다양한 부분에서 발생하는데, 연소실의 입구인 흡기 밸브의 펌핑 손실은 상당히 큰 저항이다.

흡기 밸브의 저항을 줄이는 방법은 밸브의 지름을 키우거나 밸브가 열리는 양리프트 양을 늘려서 혼합기의 통로를 넓히는 것이다. 밸브의 리프트 양이 커지면 흡기 저항은 줄어들며, 이에 따라 펌핑 손실이 감소한다. 펌핑 저항이 감소하면 출력은 높아지고 연료 소비 효율도 향상된다. 그러나 저속 회전이나 저부하일 때, 혹은 유량이 적을 때는 공기 흐름이 느려지기 때문에 반대로 출력 저하나 연료 소비 효율의 악화를 초래한다.

그래서 회전수나 부하에 따라 흡기 밸브의 리프트 양을 바꾸는 **가변 밸브 리프트 기구**가 탄생했다. 흡기 밸브의 리프트 양을 바꾸는 원리는 자동차 제조 회사에 따라 다양하지만, 이를 통해 출력 향상과 연료 소비 효율 개선을 달성하고 있다. 또한 실제 흡기 밸브에서 흡입되는 혼합기의 양은 밸브의 리프트 양과 작용각밸브를 구동하는 캠의 범위에 따라 결정되기 때문에 앞에서 살펴본 '가변 밸브 타이밍 기구'와 가변 밸브 리프트 기구를 조합해서 사용한다.

닛산의 가변 밸브 리프트 'VVEL'

그림 제공 : 닛산 자동차

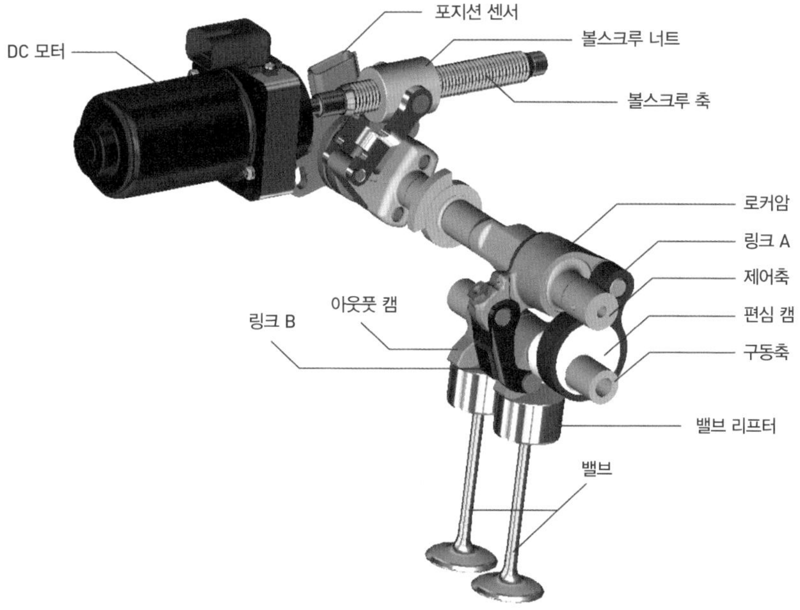

닛산이 개발한 'VVEL(Variable Valve Event & Lift:밸브 작동각 · 리프트 양 연속 가변 시스템)은 DC 모터의 회전을 통해 각도를 바꾸는 제어축이 편심 캠을 회전시킴으로써 아웃풋 캠의 높이를 바꾼다. 이렇게 해서 연속적으로 밸브의 리프트 양에 변화를 준다. 일반 엔진의 캠축에 해당하는 것은 편심 캠 부분이며, 아웃풋 캠은 리프트 양을 변화시키는 로커암이라고도 할 수 있다.

1-16 가변 실린더 시스템

저부하일 때 엔진의 활동을 떨어뜨린다

자동차는 발진이나 가속을 할 때 큰 힘이 필요하지만 일정한 속도로 달리는 경우저부하에는 '관성의 법칙' 때문에 그다지 큰 힘이 필요하지 않다. 그래서 저부하일 때 엔진의 모든 실린더에서 연소를 실시하는 것이 아니라 **특정 실린더를 쉬게 해서 연료 소비 효율을 향상시킨다**는 발상이 등장했다.

미국의 제너럴 모터스는 1990년대부터 연료 소비 효율을 높이고자 자동차가 순항을 할 때 V8 엔진의 한쪽 뱅크에 연료 분사와 밸브 구동을 하지 않는 시스템을 채용했다. 이렇게 하면 엔진 배기량은 절반이 된다. 이 시스템은 SUV 등에 지속적으로 사용되어 연료 소비 효율 향상에 공헌하고 있다.

혼다가 '인스파이어'의 V6 엔진에 사용한 **가변 실린더 시스템**Variable Cylinder Management, VCM은 더욱 복잡한 제어를 통해 연비를 절감하면서도 쾌적한 주행을 실현했다. 혼다의 가변 실린더 시스템은 V형 엔진의 각 뱅크에서 1기통을 쉬게 하거나, 한쪽 뱅크만을 쉬게 한다. 부하에 따라 6기통 가동쉬는 기통 없음, 4기통 가동2기통 쉼, 3기통 가동3기통 쉼을 하는 등 가동 상태를 전환한다.

기통을 쉬게 하는 것의 이점은 단순히 연료를 절약하는 것만이 아니다. 엔진의 출력을 줄이면 같은 속도로 달려도 스로틀 밸브를 크게 열기 때문에 **흡기의 펌핑 손실을 줄일 수 있다**. 또 휴지 실린더를 담당하는 밸브 기구의 가동 손실도 줄일 수 있다.

혼다 '인스파이어'의 가변 실린더 시스템

그림 제공 : 혼다기연공업

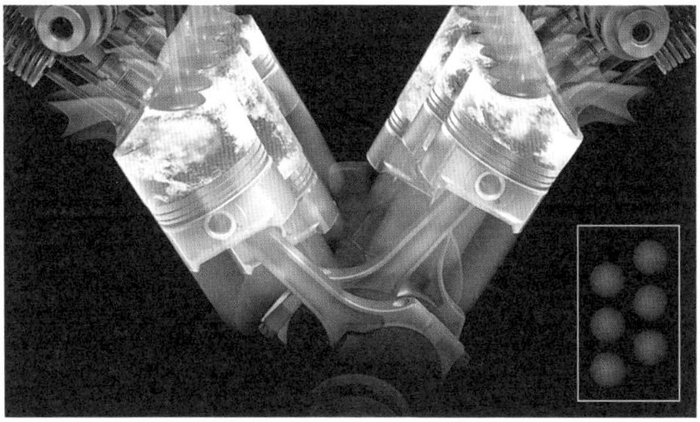

6기통 연소

발진 가속이나 추월 가속 등 강력한 가속력이 필요할 때는 모든 기통에서 혼합기를 연소시켜 커다란 토크를 일으킨다. 재빠른 가속은 가속 시간을 줄여서 실제 연료 효율을 향상시킨다. 엔진 브레이크로서 강한 엔진 저항이 필요할 때도 6기통을 전부 구동시켜 자동차의 안전성을 높이고 브레이크의 부담을 줄인다.

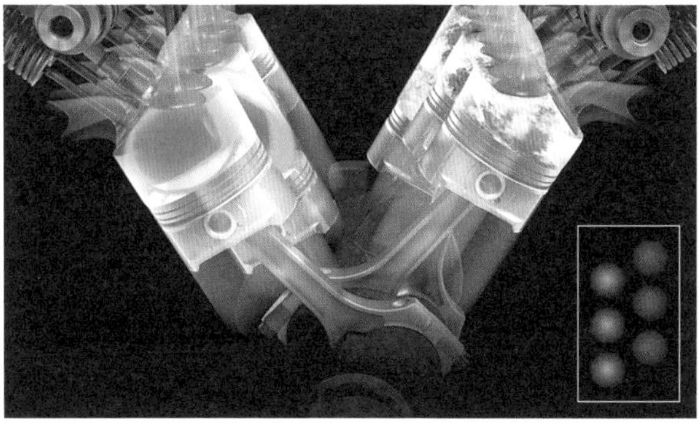

3기통 연소

평탄한 길이나 고속도로 등을 일정한 속도로 달리는 순항 상태에서는 앞쪽 뱅크의 3기통만을 가동시켜 주행한다. 밸브를 구동하는 로커암을 분리하고 연료 공급을 중단하는 방식으로 전환한다. 이렇게 하면 배기량은 절반이 될 뿐만 아니라 스로틀 밸브를 크게 열어놓기 때문에 펌핑 손실이 감소해 효율적인 연소를 할 수 있다.

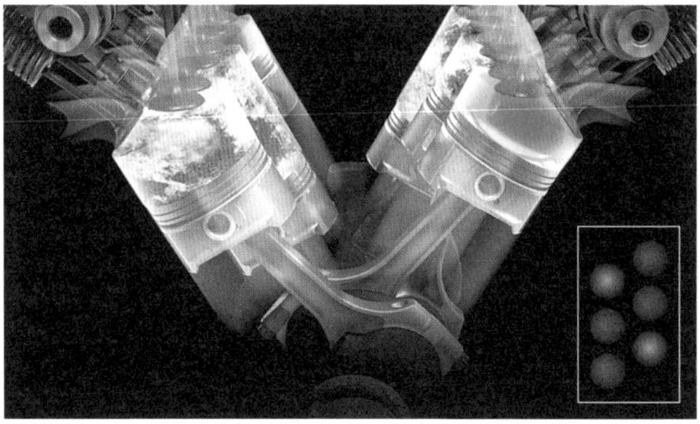

4기통 연소

고속도로 같은 곳에서 천천히 가속할 때는 주행 중에 앞쪽의 1, 2번 실린더와 뒤쪽의 5, 6번 실린더만 가동한다. 계속 6기통 전체를 사용해 저부하로 가속하기보다 4기통만을 사용해서 스로틀 밸브를 활짝 여는 편이 연료를 절약할 수 있고, 공기를 빨아들이는 저항이 줄어들어 엔진이 효율적으로 작동한다.

1-17 전(全) 실린더 휴지 시스템

엔진의 구동 저항을 줄인다

혼다의 '인사이트'나 '시빅 하이브리드'는 모터가 엔진을 보조하는 병렬식 하이브리드 엔진을 사용한다. 병렬식은 엔진이 항상 구동력을 발휘하는 시스템이지만, 실제로는 모터만으로 주행하는 이른바 'EV 모드'도 있다. 모터만으로 주행하는 EV 모드는 평탄한 길이나 완만한 내리막길에서 가속 페달을 살짝만 밟을 때 연료를 차단해 연료 소비를 없앤다.

그런데 이때 공주空走 운전자가 가속 페달에서 브레이크 페달로 바꿔 밟아 실제로 제동이 시작할 때까지의 기간 상태인 엔진의 구동 저항을 줄이기 위해 캠축이나 밸브의 구동을 정지시키는 기구가 채용되어 있다. 이것이 전 실린더 휴지 시스템이다. 이 시스템은 모든 기통의 밸브를 닫아 실린더 안을 밀폐함으로써 흡기, 배기에 따른 펌핑 손실을 줄인다. 이때 실린더 안은 밸브가 전부 닫혀서 밀폐되는데, 피스톤은 상하 운동을 계속한다. 그래서 언뜻 엔진 브레이크가 걸릴 것 같지만 실제로는 거의 걸리지 않는다. 이해가 되지 않는다면 주사기 끝을 막고 밀어보면 된다. 주사기를 밀 때는 저항이 있지만 손가락을 떼면 튕겨서 돌아오는 주사기를 볼 수 있다. 요컨대 피스톤이 상승하면 연소실의 압력이 높아지고 저항이 생기지만, 하강하면 튕겨서 되돌아오므로 힘이 상쇄되는 것이다마찰 저항은 발생한다.

혼다의 가변 밸브 타이밍 리프트 기구인 'VTEC'의 진화판인 '3스테이지 i-VTEC'에는 모터만으로 주행할 때의 저항을 줄이고자 고속 회전과 저속 회전뿐만 아니라 실린더 휴지 시의 모드도 추가되었다.

크게 감소하는 엔진의 구동 저항

그림 제공 : 혼다기연공업

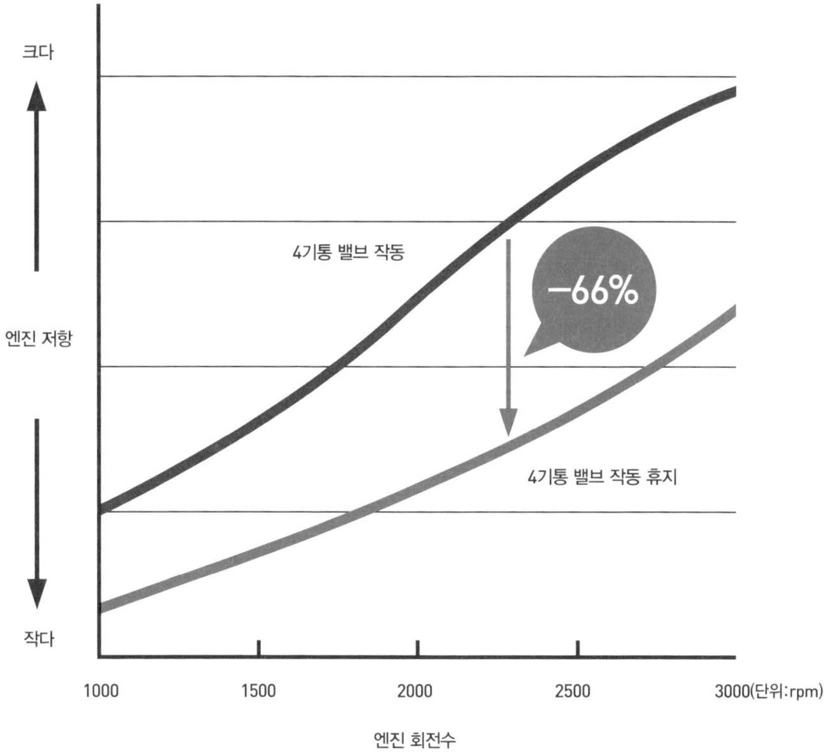

4기통 밸브를 전부 닫으면 모든 밸브가 작동할 때에 비해 엔진 저항이 최대 66퍼센트나 감소한다.

1-18 밀러 사이클 엔진

저압축·고팽창으로 높은 열효율을 실현하다

도요타 '프리우스'의 연료 소비 효율이 우수한 이유는 단순히 모터를 조합해서가 아니라 가솔린 엔진도 하이브리드 자동차에 맞게 개량했기 때문이다. 일반적인 가솔린 엔진은 흡기 과정에서 피스톤의 모든 스트로크행정 길이를 흡기에 소비한다. 최대한 많은 공기와 연료를 실린더 안에 집어넣어서 최대의 힘을 얻기 위해서다. 그러나 프리우스는 모터가 있기 때문에 엔진 효율을 좀 더 높일 수 있다.

프리우스에 탑재된 엔진의 특징은 열효율열 에너지를 역학적 에너지로 변환하는 효율을 높이기 위한 대표적인 시스템인 **앳킨슨 사이클**Atkinson cycle을 응용한 이른바 '밀러 사이클'을 채용했다는 점이다. 순수한 앳킨슨 사이클 은 구조가 복잡하기 때문에 현재로서는 쓰이지 않고 않고 있다.

밀러 사이클 엔진은 압축 행정에서도 흡기 밸브를 열어놓는다늦게 닫음. 이에 따라 일단 실린더 안으로 들어갔던 혼합기가 흡기 밸브로 되밀려 돌아가기 때문에 연료가 절약된다. 물론 연소 후의 팽창 행정은 일반 엔진과 똑같이 피스톤을 하사점제일 아래 부분까지 밀어 내리므로 힘은 약간 떨어지지만 엔진 구동에는 문제가 없다.

도요타는 밀러 사이클 엔진을 프리우스 이외의 하이브리드 자동차와 일부 콤팩트 카에도 사용하고 있다. 또한 마쓰다와 혼다도 같은 구조의 엔진을 채용하고 있다. 참고로 일반적인 '압축비≒팽창비' 엔진은 오토 사이클 엔진이라고 부른다.

밀러 사이클 엔진의 구조

참고 : 마쓰다 홈페이지

팽창비 향상의 원리(연소실의 용적을 줄인다)

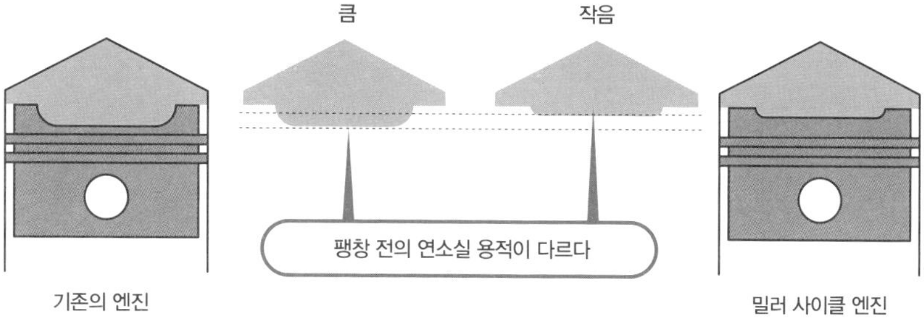

팽창 전의 연소실 용적이 작으면 팽창비(팽창 전후의 용적비)가 향상된다.

흡기 밸브를 늦게 닫는 원리(압축 행정)

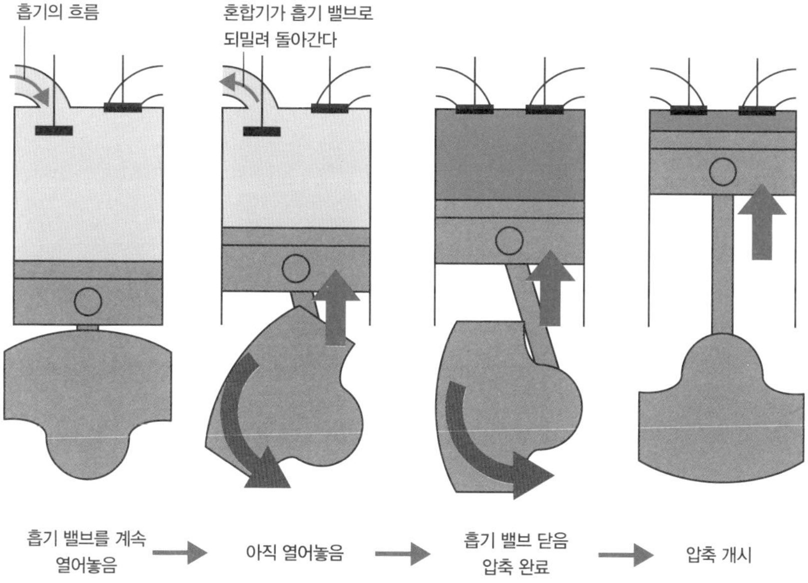

① 피스톤이 하사점에 도달해도 흡기 밸브를 닫지 않는다.

② 혼합기가 압축 행정 도중에 흡기 밸브로 되밀려 돌아간다.

③ 압축 행정 도중에 흡기 밸브를 닫는다.

④ 상사점에 도달하면 점화한다.

도요타 '프리우스'의 파워 유닛

사진 제공 : 도요타 자동차

일반적인 직렬 4기통 가솔린 엔진을 기반으로 한 엔진이지만, 모터가 보조하기 때문에 엔진 힘은 그다지 필요하지 않다. 그래서 프리우스의 엔진은 흡기 밸브를 늦게 닫는 밀러 사이클을 채용했다.

마쓰다 MZR 1.3 엔진

그림 제공 : 마쓰다

마쓰다의 '데미오' '악셀라'에 탑재되어 있는 엔진이다. 저부하일 때, 가변 밸브 타이밍 기구가 압축 행정에 들어간 뒤에 흡기 밸브를 닫아서(늦게 닫아서) 흡기량을 억제한다. 그리고 엔진의 배기량보다 적은 혼합기를 빨아들여 최대 배기량까지 팽창시킨다.

혼다 '시빅'의 i-VTEC 엔진

사진 제공 : 혼다기연공업

i-VTEC는 평상시에 최적의 캠 모양으로 이상적인 연소 상태를 실현하고, 저부하 상태에서 저속 회전을 할 때는 캠을 전환해 흡기 밸브를 늦게 닫음으로써 저연비를 실현한다. 혼다의 '시빅' '스텝 왜건' '스트림' 등에 탑재되어 있으며, 밀러 사이클 엔진의 일종으로 간주한다.

1-19 클린 디젤

고효율의 친환경 디젤 엔진을 만들다

'디젤 엔진'은 가솔린 엔진과 거의 같은 시기에 탄생한 유서 깊은 내연 기관이다. 게다가 공기를 잔뜩 압축한 고온 · 고압의 연소실에 연료를 분사해서 자연 발화시키는 디젤 엔진은 가솔린 엔진보다 열효율이 뛰어나고 연비와 토크, 저속 영역에서의 힘도 우수하다. 그리고 이산화탄소 배출량도 상대적으로 적다. 그러나 최근에는 디젤 엔진의 배기가스가 대기 오염의 원인으로 지목당하고 있다. 그래서 자동차 제조 회사나 부품 제조 회사의 기술자들은 여러 가지 첨단기술을 연구 · 개발해 엄격한 배기가스 규제 조건을 충족하는 디젤 엔진을 개발했다. 배기가스 규제 조건에 부합하는 기술은 다음 두 가지로 나뉜다.

① 연소 전부터 연소까지의 기술
② 연소 후에 배기가스를 정화하는 기술

먼저 첫 번째 기술부터 살펴보자. 부연소실이 없는 직접 분사 디젤 엔진은 고온 고압의 공기가 가득 찬 실린더 안에 고압의 가스를 분사한다. 그러나 분사 후에 가스가 되어 연소하기 때문에 아무래도 연소 타이밍이 어긋날 때가 있다. 그래서 타이밍이 늦어져 한꺼번에 연소되면 온도가 상승하면서 NOx Nitrogen Oxide, 질소 산화물가 많이 발생한다.

또한 부하가 클 경우, 연료 공급량을 늘리면 연료를 완전히 연소시키기가 더욱 어려워지기 때문에 검은 매연의 주성분인 PM Particulate Matter, 미세 먼지도 발생한다.

그러나 1995년에 덴소가 트럭용으로 개발한 '커먼레일식 연료 분사 장치'는 기존에 기계식 분사 장치에서 사용된 플런저를 통한 연료 공급 방식과 달리 인젝터로 개별 분사하던 연료를 일단 **커먼레일**이라고 부르는 파이프 모양의 탱크축압실에 모은다. 이렇게 하면 인젝터는 노즐의 개폐에만 전념할 수 있기 때문에 고압 상태인 연료를 정확히 제어할 수 있다. 그리고 1997년에는 보쉬가 승용차용 커먼레일식 연료 분사 장치의 상용화에 성공하면서 유럽의 디젤 자동차 시장에 빠른 속도로 보급되었다.

커먼레일을 이용한 디젤 엔진의 연소

그림 제공 : 보쉬

디젤 엔진은 압축된 공기에 연료를 분사해 연소시킨다. 고압이 된 공기는 온도가 높아지기 때문에 연료를 분사하면 자연 발화하는 것이다. 커먼레일 시스템으로 대표되는 현재의 디젤 엔진은 먼저 미량의 연료를 분사해 불을 붙인 다음 연료를 수차례로 나눠서 분사하는 등 좀 더 적은 연료를 일정하게 연소시키기 위해 복잡하게 제어된다. 참고로 앞쪽의 길쭉한 막대는 엔진이 식은 뒤에 보조 열원으로 이용하는 '예열 플러그'다.

커먼레일 시스템의 구조

그림 제공 : 보쉬

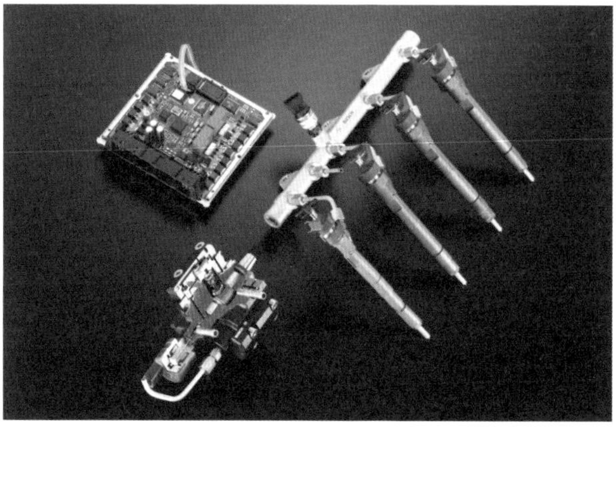

커먼레일 시스템은 파이프 모양의 탱크(축압실)에 연결된 각 실린더의 인젝터와 고압 연료 펌프, ECU 등으로 구성되어 있다. 최신 제품에는 더욱 작아진 고성능의 ECU와 고압 출력이 가능한 펌프, 반응 속도가 빠르고 연료를 더욱 세밀하게 분사하는 인젝터가 사용되고 있다.

커먼레일 시스템의 핵심은 **고압 상태의 연료를 얼마나 정밀하게 분사할 수 있는가**인데, 현재는 1,800~2,000기압이라는 고압으로 연료를 짧은 시간에 분사할 수 있다. 최신 디젤 엔진은 터보차저를 탑재해 더욱 효율이 향상되었다. 뿐만 아니라 기존에는 어려웠던 고속 회전화가 가능해져 4,000rpm이라는 디젤 엔진으로서는 비교적 높은 회전수 영역에서도 각 연소실이 1회 연소하는 사이에 수차례 연료를 분사한다. 시간으로 환산하면 인간이 눈을 깜빡이는 시간과 같은 '30분의 1초'다.

이어서 두 번째 기술을 살펴보자. 디젤 엔진의 배기가스를 정화하려면 앞서 언급한 연소 기술뿐만 아니라 배기가스 자체를 정화하는 것도 중요하다. 그래서 최신 클린 디젤에는 고도의 정화 기술을 이용한 촉매 장치가 쓰이고 있다. 배기가스의 대부분은 높은 압력으로 터보차저를 돌린 뒤에 촉매 장치로 유도된다. 여러 디젤 촉매 장치 중 산화 촉매는 배기가스 속의 일산화탄소와 탄화수소를 수증기와 탄소로 환원한다.

그러나 미세 먼지는 아직 제거되지 않았고 질소 산화물도 고농도다. 미세 먼지를 없애기 위해 배기가스를 촉매 효과가 있는 'DPFDiesel Particulate Filter'라는 미세한 필터에 통과시키고, 질소 산화물은 전용 촉매를 통해 무해한 질소와 산소로 환원한다. 질소 산화물의 촉매로는 촉매 속으로 오염물질을 흡수해서 가속 시에 정화하는 '트랩 촉매'와 환원제로 요소수尿素水를 분사하는 '요소 SCR 촉매', 두 종류가 실용화되어 있다. 현재 디젤 자동차의 배기가스는 세 종류의 정화 장치와 연소 기술 덕분에 가솔린 자동차 이상으로 깨끗해졌다.

터보와 조합된 디젤 엔진

사진 제공 : 닛산 자동차

닛산의 승용차 '엑스트레일'에 탑재된 디젤 엔진은 터보를 이용해 효율을 높였다. 디젤 엔진과 터보는 상성이 좋으며, 부하에 따라 연소를 조절하기 위해서도 없어서는 안 될 존재다.

마쓰다 '요소 SCR 시스템'

그림 제공 : 마쓰다

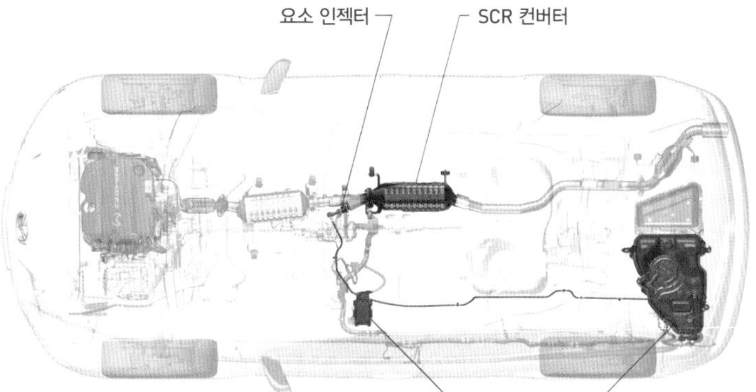

마쓰다가 유럽 시장을 위해 개발한 '요소 SCR(Selective Catalytic Reduction)'은 일정량의 질소 산화물을 흡착한 촉매에 '요소수'를 분사해 무해한 '질소'로 변환시킨다. 요소수 탱크와 인젝터가 필요하지만 연비나 환경에 끼치는 영향을 경감할 수 있어 현 시점에서는 상당히 효과적인 배기가스 정화 시스템이다. 메르세데스 벤츠도 같은 시스템을 도입했다.

트랩 촉매와 DPF를 탑재한 미쓰비시 '파제로'

사진 제공 : 미쓰비시 자동차

DPF를 자른 모습

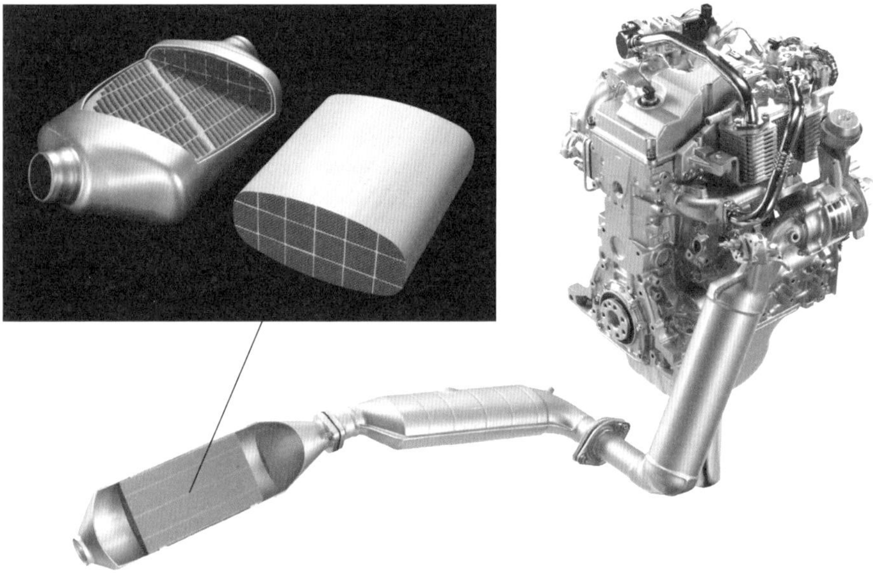

질소 산화물을 흡수하는 트랩 촉매와 검은 매연의 배출을 방지하는 DPF를 탑재했다. 배기 에너지를 더욱 폭넓은 범위에서 효과적으로 이용하는 'VG(가변 용량) 터보차저'도 장비했다.

HC · NOx 트랩 촉매의 구조

그림 제공 : 닛산 자동차

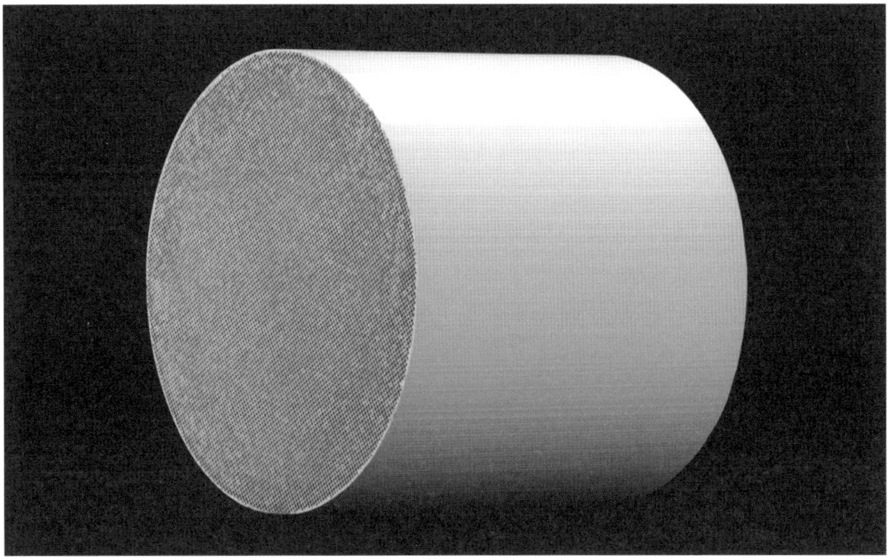

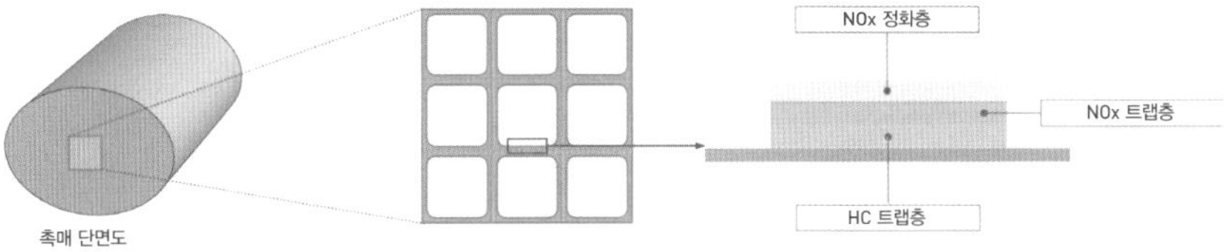

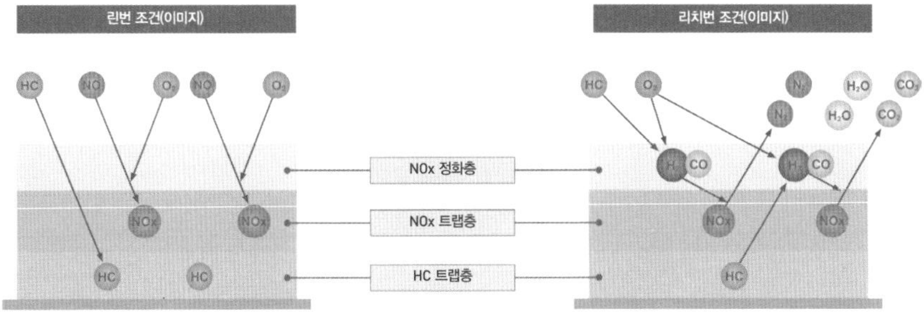

통상적인 린번(lean burn, 희박 연소)으로 연소 효율을 향상시킬 때 발생하는 HC(탄화수소)나 NOx(질소 산화물)를 각 트랩층에 흡착시킨다. 그리고 이것이 일정량이 되면 순간적으로 연소를 늘려 배기가스 속의 질소 산화물을 줄이고 탄화수소와 미량의 산소를 공급해 질소와 이산화탄소, 물로 환원한다. 닛산의 트랩 촉매는 HC도 저장해서 기존의 촉매보다 정화 기능이 향상되었다.

1-20 직접 분사 엔진

연료 낭비와 고장을 줄인다

일반적인 왕복동 가솔린 엔진의 경우, 피스톤이 하강하는 흡기 행정일 때 열린 흡기 밸브를 통해 연료와 공기가 섞인 혼합기를 연소실로 빨아들인다. 그러나 흡기 행정에서 공기만을 빨아들이고 연료는 연소실로 직접 분사해 점화하는 엔진도 있다. 이 방식을 '기통 내 직접 분사 방식'이라고 한다. 일반적으로는 '직접 분사'라고 하며, 이 방식을 채용한 엔진을 **직접 분사 엔진**이라고 부른다.

디젤 엔진은 일찌감치 직접 분사를 실현했지만 가솔린의 경우는 미쓰비시가 1996년에 최초로 'GDI Gasoline Direct Injection'를 통해 직접 분사를 실용화했다. 이렇게 시간이 걸린 이유는 가솔린 엔진의 경우 엔진 회전수의 폭이 넓을 뿐만 아니라 디젤 자동차가 사용하는 경유보다 불이 잘 붙는 가솔린을 다루기 위해 제어 시스템이 정밀해야 했기 때문이다.

그러면 가솔린 엔진을 직접 분사할 때의 이점을 생각해보자. 먼저 연료를 직접 연소실로 분사하면 연료 낭비를 줄일 수 있다. 기존처럼 엔진이 공기를 빨아들이는 '흡기 매니폴드'에 분사하면 연소실 직전의 흡기관 내부에 연료가 달라붙어 불완전 연소하기 때문에 연료가 낭비된다. 또 연료 낭비뿐만 아니라 흡기계에 연소 찌꺼기인 탄소가 쌓여서 흡기계 저항이나 고장 원인이 되기도 한다. 그러나 직접 분사의 경우 **연소실에서 태울 분량만큼만 분사하면 되므로** 연료 낭비가 적고 흡기계에 부착되는 탄소도 줄일 수 있다. 다만 직접 분사는 고압의 연소실로 정확한 타이밍에 순간적으로 연료를 분사해야 하기 때문에 연료 공급 시스템에 많은 비용이 들어간다는 단점도 있다.

앞에서도 이야기했듯이 미쓰비시를 비롯한 일본의 자동차 제조 회사들은 가솔린 직접 분사 엔진을 적극적으로 개발해왔다. 이것은 직접 분사로 점화 플러그 주위에만 농후한 혼합기를 만들고 전체적으로는 가급적 희박한 혼합기를 연소시켜 연료를 절약하기 위해서다. 그러나 실제로는 희박한 혼합기를 연소할 경우 배기가스의 정화가 어려워지는 등 여러 가지 문제점이 발생하는 반면에, 연료 소비 효율은 그다지 향상되지 않기 때문에 가솔린 직

직접 분사 엔진의 연소 상태

사진 제공 : 보쉬

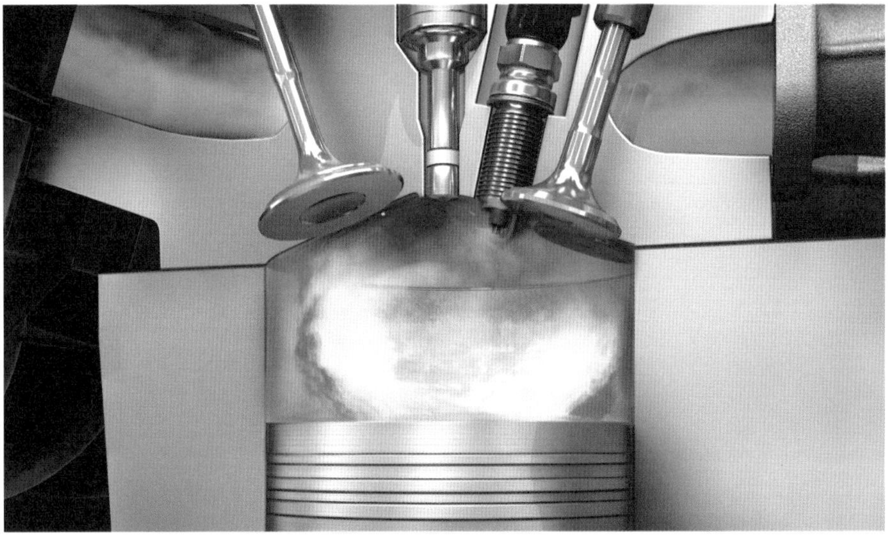

압축 행정에 들어간 상태의 직접 분사 엔진을 표현했다. 가솔린 직접 분사 엔진은 디젤 직접 분사 엔진과 유사하다. 구조상의 차이는 점화 플러그의 유무 정도다. 가솔린 직접 분사 엔진은 기술적인 측면에서도 디젤 엔진으로부터 많은 것을 계승했다. 또 메르세데스 벤츠는 가솔린 엔진과 디젤 엔진을 겸하는 엔진을 개발 중이다.

도요타 V6 엔진

사진 제공 : 도요타 자동차

도요타의 V6 엔진 '2GR-FE'형은 기존의 흡기 포트 분사와 식섭 분사를 병용했다. 저속이나 저부하 영역에서 포트 분사로 희박한 혼합기를 만들어놓았다가 직접 분사로 최적의 혼합기 상태를 만들고, 고속 회전이나 고부하 영역에 들어서면 직접 분사만으로 높은 출력을 발휘할 수 있게 함으로써 엔진 시스템이 제작 비용 절감과 효율적인 연소를 지향한다.

접 분사 엔진을 탑재한 차종은 점점 줄어들고 있다.

현재는 유럽의 자동차 제조 회사들이 가솔린 직접 분사 엔진을 적극적으로 개발하고 있다. 연료를 분사하는 인젝터의 압력을 높이는 등 기술 혁신도 이뤄지고 있다. 반응이 빠른 압전 소자를 사용한 **피에조 인젝터**piezo injector의 경우는 전자식인 기존의 **솔레노이드 인젝터**solenoid injector보다 두 배 빠르게 연료를 분사 제어할 수 있다. 반응 속도가 빨라지자 압축 행정이나 팽창 행정에서 연료를 여러 차례 분사할 수 있게 되었고, 이에 따라 '농도의 차이가 적은 혼합기'를 만들어 균일한 연소를 실현하고 이상적인 타이밍보다 일찍 연소되는 이상異常 연소노킹를 방지할 수 있게 되었다.

또 연료는 기화할 때 주위로부터 열을 빼앗기 때문에 직접 분사는 혼합기의 연소 온도를 낮추는 데도 효과적이다. 이처럼 기화열은 연소실 내부를 직접 냉각하므로 포트 분사에 비해 연료를 필요 이상으로 분사하지 않아도 된다. 그 결과 연료 소비 효율이 향상될 뿐만 아니라 압축비도 높일 수 있다.

포르쉐의 직접 분사 엔진과 흡기 행정

사진 제공 : 포르쉐

포르쉐의 수평 대향 6기통 엔진. 피스톤 꼭대기 부분의 중심이 움푹 들어가 있는 것은 주행 조건에 따라 연소실 중심에만 연료를 분사하는 등 연소를 제어하기 위해서다.

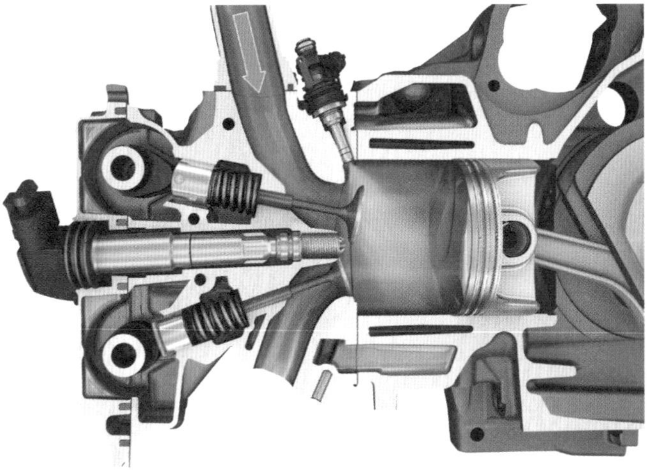

피스톤이 하강할 때의 부압으로 흡기 밸브의 틈새를 통해 공기가 흡입되며, 이때 인젝터가 연료를 분사한다. 직접 분사 엔진은 공기의 흡입에서 압축 행정에 이르는 도중에 연료를 수차례 분사한다. 이런 식으로 혼합기의 상태를 제어해 출력과 연비를 조정한다.

1-21 아이들링 스톱 기구, i-stop

엔진을 약 0.35초 만에 시동한다

하이브리드 자동차는 시가지에서의 연비 성능이 우수하다고 알려져 있다. 이것은 아이들링 스톱을 다양한 측면에서 활용할 수 있기 때문이다. 최근 엔진은 5초 이상 아이들링을 하면 시동을 걸 때 이상으로 연료를 소비한다고 한다. 그러나 일반 가솔린 자동차가 신호를 기다릴 때에 아이들링 스톱을 하면, 시동을 걸 때에 배터리 전력을 소비할 뿐만 아니라 기어 조작이나 스타트 모터의 시동, 브레이크 조작 등도 번잡해진다. 게다가 그런 조작을 재빨리 하지 않으면 도로 정체의 원인이 될 수도 있기 때문에 그리 현실적이지 못하다.

그래서 마쓰다는 기존의 엔진만으로 시가지 주행을 할 때의 연료 소비 효율을 향상시키기 위해 아이들링 스톱을 활용하는 장치인 'i-stop'을 개발했다.

i-stop은 **압축 상태로 멈춘 실린더에 연료를 분사하고 점화 플러그로 점화해 순식간에 엔진을 재시동하는 기구다.** 직접 분사 엔진이기에 가능한 아이디어라고 할 수 있다. 다만 확실한 시동을 위해 스타트 모터도 병용한다. 스타트 모터용 보조 배터리를 탑재하고 있어 빈번한 아이들링 스톱에도 배터리가 방전되는 사태를 방지한다.

i-stop은 차량 정지에서 아이들링 스톱, 엔진 재시동이라는 일련의 흐름이 간소하기 때문에 누구나 원활하게 아이들링 스톱을 할 수 있다. 하이브리드 자동차보다 적은 투자 비용으로 환경 성능을 높일 수 있는 획기적인 장치다.

i–stop의 구조

그림 제공 : 마쓰다

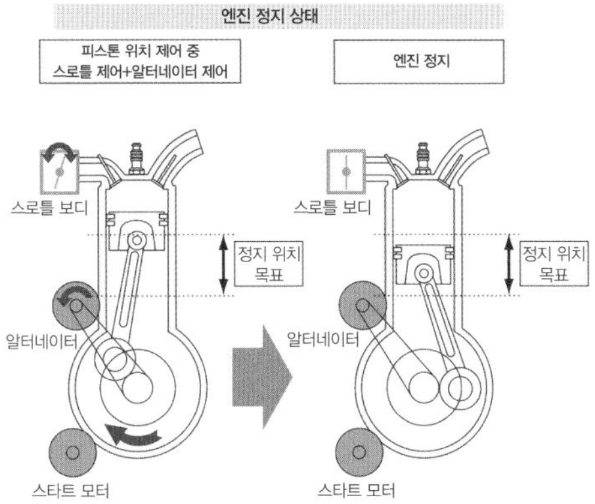

정지 시

자동차가 아이들링 스톱이 가능한 상황이라고 판단하면 어떤 실린더를 재시동용으로 이용할지 선택한다. 그런 다음 연료 분사를 정지하고 엔진이 멈출 때 발전기(알터네이터)에 전기를 흘려보낸다. 그리고 그 저항을 이용해 피스톤이 재시동에 최적인 장소에서 멈추도록 조정한다. 또 동시에 스로틀 밸브를 열어서 실린더 안으로 신선한 공기를 보낸다.

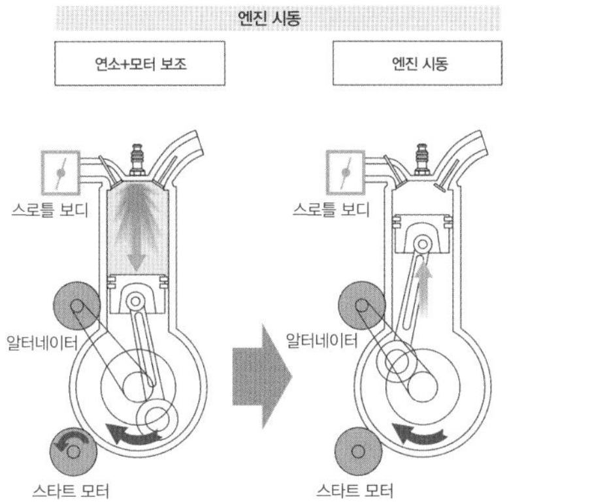

발진 시

i–stop은 운전자가 발진을 위해 운전 조작을 했다고 판단하면 정지 시에 선택했던 실린더에 연료를 분사해 점화한다. 그리고 동시에 스타트 모터가 회전을 보조한다. 이에 따라 엔진은 순식간에 잠에서 깨어나고, 정지 상태에서 약 0.35초 후에는 발진할 수 있는 상태가 된다.

엔진 단면도

사진 제공 : 마쓰다

i–stop을 탑재한 마쓰다의 엔진 'MZR 2.0L DISI'. i–stop을 실현하기 위해서는 엔진 이외에도 브레이크와 자동 변속기 등에 기술적 보강이 필요하다. 물론 엔진에는 i–stop 이외에도 저연비와 배기가스 절감을 위한 기술이 담겨 있다.

1-22 내부 배기 재순환, i-EGR

배기가스 속의 질소 산화물을 줄이고 연료 소비 효율도 향상시키다

가솔린 엔진은 완전 연소가 일어날 때 온도가 상승한다. 그러면 배기가스 속의 질소 산화물이 증가한다. 촉매를 이용해 질소 산화물을 어느 정도 질소와 수증기로 환원하지만, 질소 산화물은 여전히 대기 오염의 원인 물질이기 때문에 최대한 줄일 필요가 있다. 이를 위해서는 연소 가스의 온도를 떨어뜨려서 배출되는 질소 산화물의 농도를 떨어트려야 한다.

그래서 자동차 제조 회사들은 엔진의 효율을 추구하면서도 질소 산화물이 증가하는 완전 연소를 막기 위해 **일단 연소시킨 배기가스의 일부를 다시 연소실로 보낸다.** 이것을 EGR Exhaust Gas Recirculation, 배기가스 재순환 장치 이라고 한다.

최근의 EGR은 질소 산화물을 줄일 뿐만 아니라 연료 소비 효율을 향상시키는 목적으로도 활용되고 있다. 잘 연소되지 않는 상태를 의도적으로 만들어내서 출력이나 회전수를 제어하는 스로틀 밸브가 **저부하 상태에서도 활짝 열리도록** 하는 것이다. 크게 빨아들여도 연소에 사용할 수 있는 산소가 적으므로 연료도 조금만 사용한다. 또 공기를 빨아들일 때의 저항인 펌핑 손실도 감소해 결과적으로 연료 소비 효율이 향상된다.

다이하쓰는 EGR을 더욱 정밀하게 제어하는 기술로서 이온 전류 감지 장치를 이용한 i-EGR Internal Exhaust Gas Recirculation을 개발했다. 이 장치는 점화 후의 점화 플러그가 연소실 내부에 있는 이온의 연소 상태를 감지해 좀 더 효율적으로 연소되도록 점화 시기를 제어하는 기술을 EGR에 응용한 것이다. 치밀하고 정확한 제어로 적은 연료를 효과적으로 이용할 수 있어 연료 소비 효율이 향상된다.

다이하쓰의 i-EGR 엔진 'eco IDLE'

촬영 협조 : 다이하쓰 공업

i-EGR 외에 직접 분사와 협조 제어 CVT 등 일반 수준의 기구를 조합해 하이브리드 자동차 못지않은 저연비를 실현한 다이하쓰의 경자동차 전용 엔진이다.

i-EGR의 EGR 밸브 격납부

촬영 협조 : 다이하쓰 공업

i-EGR을 탑재한 엔진은 EGR 밸브가 엔진과 일체화되어 있으며, 실린더 블록 안의 냉각 수로를 이용해 냉각시킨 배기가스를 다시 엔진으로 보낸다.

1-23 VCR 피스톤 크랭크 시스템

주행 상황에 맞춰 압축비를 변경한다

팽창비를 압축비보다 크게 만들어 열효율을 높이려 한 것이 앞에서 소개한 '앳킨슨 시스템'이었다. 그리고 앳킨슨 시스템의 간소화 버전이라고도 할 수 있는 것이 흡기 밸브의 폐쇄를 늦추는 방식인 '밀러 사이클 시스템'으로, 도요타의 '프리우스' 등이 이 시스템을 채용했다. 그런데 닛산이 개발한 VCRVariable Compression Ratio, 가변 압축비 **피스톤 크랭크 시스템**은 밀러 사이클 시스템과는 다른 접근법으로 열효율을 높인다.

VCR 피스톤 크랭크 시스템의 원리는 피스톤과 크랭크축을 연결하는 커넥팅 로드에 **링크**를 추가하는 것이다. 이 링크가 커넥팅 로드의 받침점 위치를 바꿔서 크랭크축이 1회전해도 피스톤의 상하 운동에 차이가 생기도록 한다. 이에 따라 주행 중에 압축비를 8.0저압축비부터 14.0고압축비까지 자유자재로 변경할 수 있다.

이것은 시가지나 고속도로처럼 그다지 힘이 필요하지 않은 상황에서는 고압축비로 만들어 연료 소비 효율을 향상시키고, 반대로 급가속을 하거나 산길을 오르는 등 힘이 필요할 때는 저압축비로 만들어 이상 연소를 피하면서 고과급을 가능케 해 출력을 높인다.

요컨대 **저부하 상태에서는 고압축비로 연료 소비 효율 향상을 노리고, 고부하 상태에서는 저압축비로 힘을 확보하는 것이다.** 높은 연료 소비 효율과 강한 힘이라는 상반된 목표를 동시에 달성하려는 시도라고 할 수 있다.

VCR 피스톤 크랭크 시스템의 구조

그림 제공 : 닛산 자동차

새로운 멀티 링크식 기구

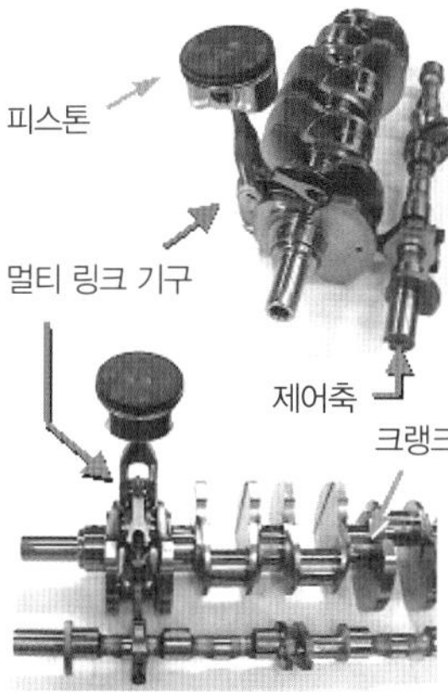

엔진에 설치한 모습

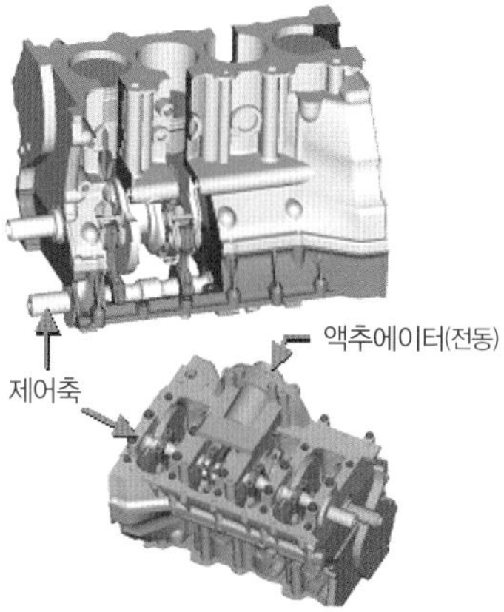

닛산이 개발한 VCR 피스톤 크랭크 시스템은 크랭크축에 연결되어 있던 커넥팅 로드를 로드 부분과 빅엔드 부분으로 분할했다. 그리고 빅엔드 부분의 반대쪽에 제어축을 설치하고 부(副)링크를 장착해 멀티 링크식으로 만들었다.

압축비 가변의 원리

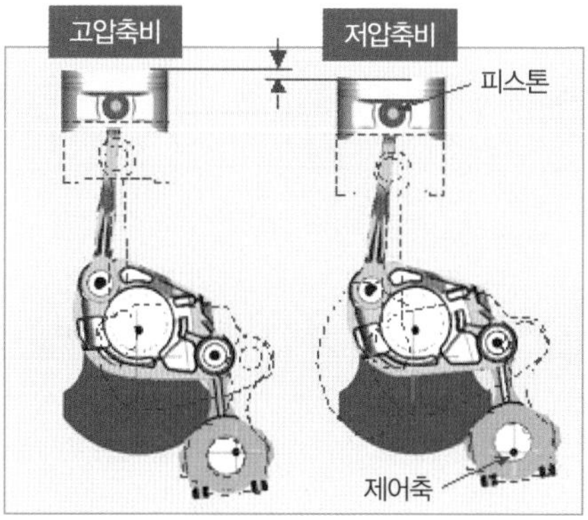

크랭크축과 평행하게 배치된 제어축을 회전시켜서 부링크의 높이를 바꾼다. 이에 따라 시소처럼 로드 부분의 링크 높이가 변한다. 크랭크축이 똑같은 원운동을 해도 로드가 위아래로 움직이는 범위가 달라진다. 저부하 상태에서는 고압축, 고부하 상태에서는 저압축 엔진이 된다.

1-24 에코 어시스트, 에코 드라이브

운전자의 저연비 주행을 유도한다

현재 자동차 제조 회사의 수많은 엔지니어가 밤낮으로 연구에 몰두하며 연료 소비 효율이 좋은 자동차를 개발하고 있다. 그러나 자동차 운전자가 난폭 운전을 하거나 불필요하게 가속 페달을 밟는다면 아무리 친환경 자동차라 해도 연료 소비 효율은 그다지 좋아지지 않는다. 또 그렇다고 해서 매일 얌전하게 운전하는 것도 재미가 없다. 특히 최근의 자동차는 엔진 회전수만으로는 연비를 판단할 수 없어 운전자가 저연비 운전 요령을 파악하기가 어려워졌다.

혼다는 연료 소비 효율을 향상시키는 기술뿐만 아니라 운전자를 지원하는 시스템이 필요하다고 생각했다. 그래서 현재 '인사이트'에 탑재된 **에코 어시스트**eco assist라는 시스템을 개발했다. 에코 어시스트는 엔진의 연료 분사량과 엔진 회전수, 자동차의 속도 등을 바탕으로 연비를 산출함으로써 현재의 주행 상태가 경제적인지를 판단해준다.

도요타도 혼다와 마찬가지로 프리우스 같은 하이브리드 자동차에는 에코 드라이브, 렉서스에는 하모니어스 드라이빙 내비게이터라는 운전자의 저연비 주행을 지원하는 모니터를 장착했다. 이 시스템들은 뒤에서 설명할 텔레매틱스 서비스를 통해 정보 센터와 연비 정보를 주고받는다. 이러한 장치는 하이브리드 시스템의 효과를 운전자에게 알기 쉽게 가르쳐주기 때문에 저연비 운전을 유도한다.

인사이트의 대시보드

사진 제공 : 혼다기연공업

대시보드 오른쪽 끝에 있는 'ECON' 모드 단추를 누르면 에어컨이 약해지거나 엔진과 자동 변속기의 제어가 연비 절감 모드가 된다. 스티어링 앞쪽의 계기판에 있는 멀티 인포메이션 디스플레이에서는 연료 소비 효율이 좋은 운전을 하고 있는지를 막대그래프와 떡잎 마크로 평가하는 'eco 가이드'가 표시되어 즐겁게 저연비 운전을 계속할 수 있다. 또한 계기판 위에 독립되어 있는 속도계로도 배경색의 변화를 통해 연료 소비 효율이 좋은 운전을 하고 있는지 알 수 있다. 이 어시스트가 연비를 10퍼센트나 향상시킨다는 자료가 나와 있다.

프리우스의 '에코 드라이브'

사진 제공 : 도요타 자동차

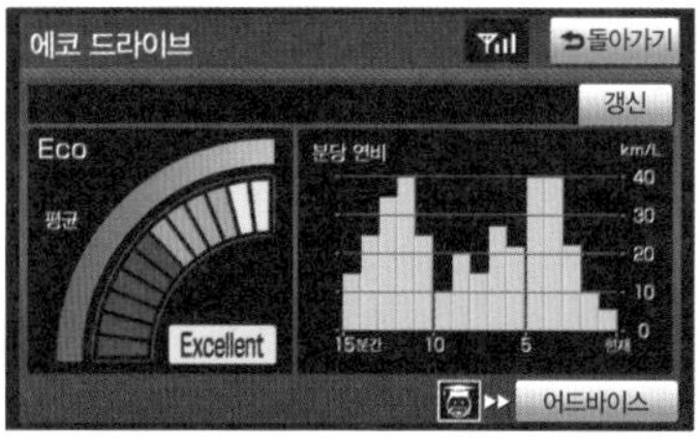

엔진과 모터 보조, 배터리 충전 상태를 알 수 있는 에너지 모니터의 모습. 대시보드의 중앙에 있는 모니터 화면에서는 분당 평균 연비와 연비 운전을 통해 주행을 평가한 막대그래프가 표시된다. 어드바이스 화면에서는 연비를 더욱 향상시킬 방법을 가르쳐준다. 렉서스가 채용한 하모니어스 드라이빙 내비게이터도 마찬가지다.

렉서스 전용 텔레매틱스 서비스 'G-Link'

그림 제공 : 도요타 자동차

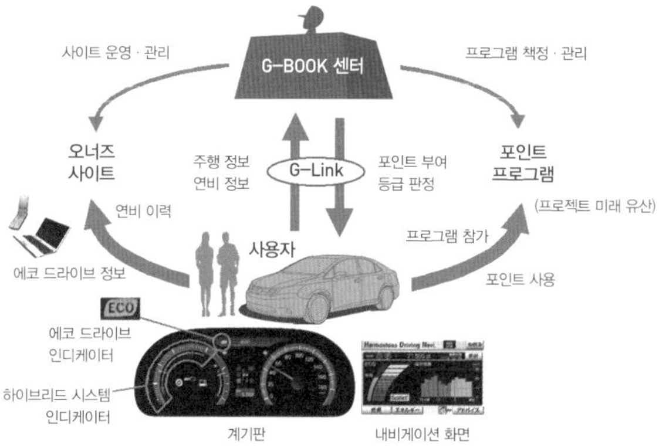

사용자는 G-Link를 통해 G-BOOK 센터와 연비·주행 정보를 주고받는다. 포인트 프로그램에 참가하면 다른 사용자와의 포인트 비교나 등급 판정 서비스도 받을 수 있다.

토막 상식 1

조이스틱 장치로는 운전이 어렵다?

도요타는 미래 전기 자동차 'FT-EV II'에 퍼스널 모빌리티 'i-REAL'에 탑재했던 좌우 스틱형 조종 장치를 채용했다. i-REAL처럼 속도가 느린 탈것의 경우, 스틱형 조종 시스템으로 충분히 조종이 가능하다. 그러나 현재 자동차는 일반 도로, 고속도로, 산길, U턴, 차고 주차 등 다양한 상황에서 달려야 한다. 고도의 컨트롤이 요구되는 F1 머신이 여전히 양손으로 잡고 돌리는 핸들을 채용하고 있는 것도 이 방식이 가장 자연스럽고 대응이 용이하기 때문이다.

미래에는 승용차의 조향 시스템이 전기 신호로 제어되는 '바이 와이어by-wire'가 될지도 모르지만, 그렇게 되더라도 스티어링을 돌려서 조작하는 방식은 당분간 바뀌지 않을 것이다.

시가지 전용이라면 문제가 없을지도 모르지만, 다양한 속도에서 미묘한 조정을 해야 하는 상황에는 적합하지 않다.

CHAPTER 2

사고를 방지하기 위한 첨단기술

High Technology of Cars

자동차를 운전할 때 가장 중요한 점은 사고를 내지 않는 것이다. 이 장에서는 사고 방지를 위해 개발된 여러 가지 기술을 소개한다.

운전자의 뇌파를 측정하면서 주행하는 실험. 다임러는 좀 더 쾌적하고 안전한 자동차를 만들기 위해 운전자의 심리 상태나 행동 패턴을 분석하는 연구를 계속하고 있다.

사진 제공 : 다임러

2-01 ABS, 잠김 방지 제동 장치

인간의 한계를 넘어선 제어로 안전성을 높인다

자동차 브레이크를 밟으면 회전하는 바퀴의 회전 속도가 느려지면서 속도가 떨어진다. 그런데 브레이크를 힘껏 밟으면 브레이크가 만들어내는 마찰력이 타이어와 노면이 만들어내는 마찰력보다 커지는 경우가 있다. 고속 주행 중에 힘껏 브레이크를 밟으면 바퀴는 멈추지만 자동차는 계속 움직이는 것이다. 이 상태가 **타이어의 잠김**이다. 이 경우, 바퀴의 회전을 멈춘 브레이크의 제동력이 타이어의 바닥을 움켜쥐는 힘을 전부 써버렸기 때문에 스티어링을 돌려도 자동차가 선회하지 않는다. 자동차는 관성의 법칙에 따라 미끄러지면서 계속 이동하려 하므로 자동차는 타이어가 잠겼을 때의 방향으로 계속 나아가 조종 불능 상태가 된다.

잠김 방지 제동 장치 Anti-lock Braking System, ABS는 이와 같은 상황을 방지해 안전성을 높여준다. 독일의 보쉬가 1986년에 실용화한 시스템으로, 컴퓨터가 타이어의 잠김 현상을 감지하면 브레이크의 제동력을 느슨하게 한다. 브레이크의 제동력이 느슨해지면 타이어와 노면의 마찰력이 유효해지므로 스티어링 조작이 가능하다.

ABS는 바퀴 안쪽에 탑재된 센서가 각 타이어의 회전 상태를 감지해 잠긴 타이어를 발견하면 브레이크의 압력을 우회시켜 잠김 현상을 해소하고, 잠김 현상이 해소되면 다시 압력을 높인다. 이 작업을 반복하는 시간 간격은 0.05초에 불과하다. 인간에게는 불가능한 속도로 제동력을 조정하는 것이다.

ABS의 효과

사진 제공 : 보쉬

ABS가 장착되지 않은 자동차는 브레이크를 밟으면 스티어링을 돌려도 방향이 바뀌지 않아 전방의 장해물에 충돌하고 만다. 그러나 ABS를 탑재한 자동차는 비 때문에 미끄러운 노면에서도 타이어의 바닥을 움켜쥐는 힘을 유지하기 때문에 제동을 걸면서 스티어링을 조작해 장해물을 피할 수 있다.

ABS의 구조

그림 제공 : 보쉬

ABS Anti-lock Braking System

① 유압 모듈레이터와 일체화된 컨트롤 유닛
② 바퀴에 부착된 속도 센서

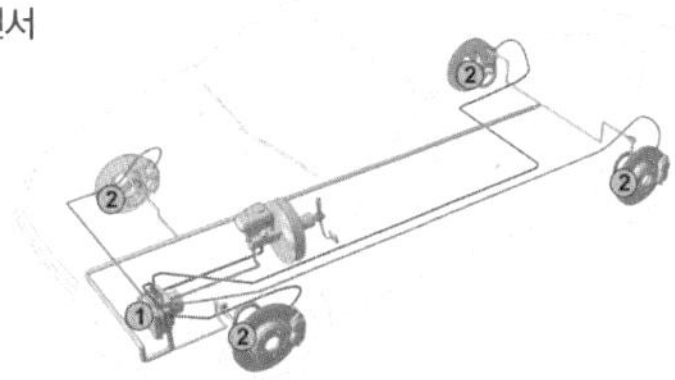

ABS의 컨트롤 유닛은 네 바퀴에 부착된 속도 센서의 회전 차이를 감시한다. 주행 중에 제동이 걸려 정지한 바퀴를 발견하면 '제동에 따른 잠김'으로 판단하고 브레이크의 압력을 약화시키고, 잠김이 해소되면 유압을 높인다. 이것을 순간적으로 반복함으로써 자동차의 조종성과 제동력을 확보한다.

신구 ABS 유닛

사진 제공 : 보쉬

초기 ABS 시스템은 유압 컨트롤 유닛과 전자 제어 유닛이 각각 탑재되어 있어서 매우 무겁고 생산 단가도 높아서 고급차에만 탑재되었다. 그러나 최신 ABS는 매우 작은 일체형이다. 엔진 룸의 공간을 차지하지 않을 뿐만 아니라 차체의 경량화에도 도움을 주며 장착 비용도 크게 줄었다. 그 결과 현재는 거의 모든 승용차에 ABS가 탑재되어 있다.

2-02 전자 제어식 차체 자세 제어 장치

브레이크를 자동 제어해 횡미끄러짐을 방지한다

기술자들은 휠의 회전 신호를 감지해 자동차를 제어하는 ABS의 시스템을 응용, 발전시키고자 노력을 거듭했다. 미끄러운 노면을 달릴 때나 힘이 강한 자동차가 급가속을 할 때 일어나는 구동 바퀴의 휠 스핀공회전을 방지하는 **구동력 제어 장치**Traction Control System, TCS도 그중 하나다. 구동력 제어 장치는 구동 바퀴의 휠 스핀을 감지하면 엔진 출력을 억제하거나 공회전하고 있는 휠에만 제동을 가해 타이어의 바닥을 움켜쥐는 힘을 되찾는다.

또한 네 바퀴의 브레이크를 적극적으로 제어해서 자동차의 주행을 안정시키는 장치가 **전자 제어식 차체 자세 제어 장치**Electronic Stability Control, ESC다. 예를 들어 주행 중에 왼쪽 브레이크만을 살짝 작동시키면 자동차는 왼쪽으로 끌어당겨져 달리는 방향을 수정하거나 자세를 바로잡는다. 돌발 상황에서 자동차가 통제 불능 상태가 될 것 같거나 핸들을 돌려도 코너를 선회하지 못할 것 같다는 판단이 서면 이런 식으로 각 바퀴의 브레이크를 작동시켜 자세를 안정화하거나 코너에서의 궤도를 수정한다.

표준적인 전자 제어식 차체 자세 제어 장치는 주행 중에 자동차가 운전자의 의도대로 진행하고 있는지를 1초에 25차례나 확인한다. 이에 따라 노면의 변화나 장해물 등을 피하기 위해 급하게 핸들을 돌려도 통제력을 상실할 위험은 매우 낮아졌다. 일본의 '자동차사고대책기구NASVA'의 조사에 따르면 전자 제어식 차체 자세 제어 장치를 장착한 경우, 한 해 일본에서 일어나는 자동차 대파 사고 발생을 62퍼센트 줄일 수 있다고 한다.

또한 보쉬는 ESPElectronic Stability Program라는 명칭으로 전자 제어식 차체 자세 제어 장치를 개발했으며, 독일의 자동차 제조 회사들은 이를 채용하고 있다. 현재는 명칭을 ESC로 통일하고 전 세계의 자동차 제조 회사에 전자 제어식 차체 자세 제어 장치를 보급하고 있다.

ESC가 작동했을 때의 주행 궤적

그림 제공 : 다임러

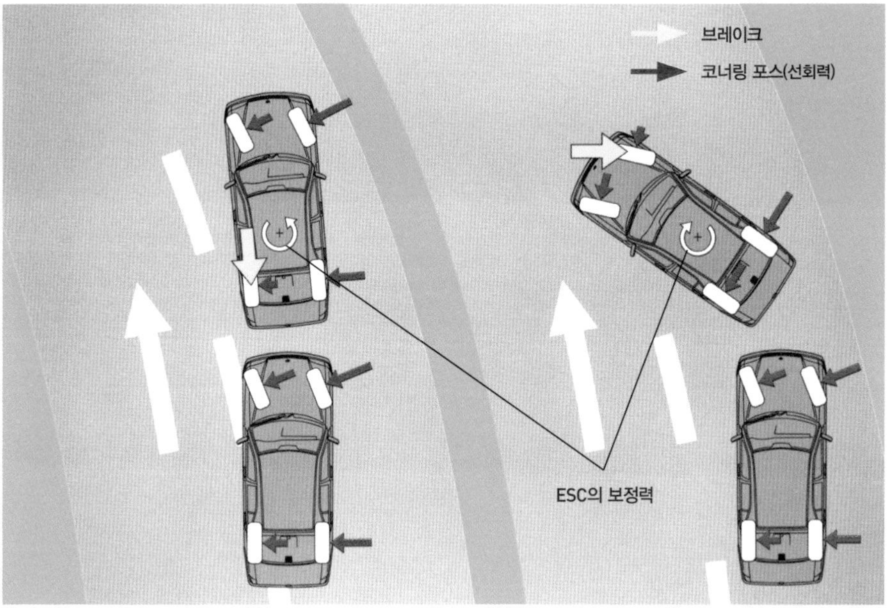

스티어링 앵글 센서는 핸들의 조타각(操舵角)을, 요레이트 센서는 자동차가 선회하는 기세를 감지한다. 자동차가 제대로 선회하지 못할 것으로 판단하면 코너 안쪽의 후륜 브레이크를 작동시켜 선회할 수 있게 한다(오른쪽). 반대로 선회하는 기세가 너무 강하면 공회전 상태에 빠질 것으로 판단하고 코너 바깥쪽의 앞바퀴에 제동을 걸어 자세를 안정화한다. 또 자동차가 안정되도록 엔진 출력도 제한한다.

ESC의 발전형도 등장

지금까지 설명한 ESC는 ECU나 액추에이터의 성능을 올려서 자동차의 안전성을 좀 더 높일 수 있다.

ESP라는 명칭으로 전자 제어식 차체 자세 제어 장치를 개발한 보쉬는 더욱 발전한 시스템을 개발하고 있다. 예를 들면 빗길을 주행할 때 운전자가 깨닫지 못할 만큼의 힘으로 제동을 걸어놓음으로써 디스크 브레이크의 표면을 건조시켜서 제동 초기의 제동력을 높이는 기능이 있다. 또 산길 같은 내리막길이나 커브길이 많은 곳에서는 브레이크를 너무 자주 사용해 브레이크가 과열된 결과 브레이크 플루이드가 팽창해 제동이 잘 걸리지 않는 경우가 있는데, ESC의 발전형 중에는 브레이크 플루이드의 온도 상승을 감지해 브레이크의 반응을 높이는 것도 있다.

SUV가 거친 길을 잘 주파할 수 있도록 공회전하는 바퀴에만 제동을 걸거나 엔진의 스로틀을 제어하는 '4ESP'라는 장치도 ESC의 파생형이라고 할 수 있다. 타이어 하나의 브레이크만 제어하는 것이 아니라 세 바퀴 또는 네 바퀴 전부의 브레이크를 동시에 제어해 좀 더 효과적으로 횡미끄러짐을 방지하는 기능을 탑재한 자동차도 늘고 있다. 또한 전동 파워 스티어링을 조합해서 스티어링 조작에도 적극적으로 개입해 바퀴의 공회전을 방지하는 시스템이 등장했다.

전자 제어식 차체 자세 제어 장치(ESP)의 구조

그림 제공 : 보쉬

① ESP 하이드로릭 유닛(ECU 일체형)

② 휠 회전 속도 센서

③ 스티어링 앵글 센서

④ 가속도 센서와 일체화된 요레이트(선회력) 센서

⑤ 엔진 제어용 ECU

각 바퀴에 장착된 휠 회전 속도 센서(②)는 전후좌우 타이어의 회전 차이를 항상 확인해 제동에 따른 타이어의 잠김이나 휠 스핀 등을 재빨리 감지한다. ESP 하이드로릭 유닛(①)은 ABS나 구동력 제어 장치의 기능도 갖추고 있다. 속도나 타이어의 구동력을 억제할 때는 ESP 하이드로릭 유닛에서 엔진 제어용 ECU(⑤)에 스로틀 밸브를 폐쇄하라거나 연료 분사를 줄이라는 신호를 보낸다. 스티어링 앵글 센서(③)는 운전자의 운전 상태를 판단한다. 자동차의 움직임을 판단하는 것은 휠 각도 센서와 요레이트 센서(④)의 역할이다.

2-03 브레이크 어시스트

자동 급브레이크로 위험을 피한다

운전 중에 전방 혹은 측방에서 생긴 위험을 피하려고 스티어링을 급하게 조작하거나, 충돌을 피하려고 급브레이크를 밟는 것은 운전자의 본능적인 행동이다. 그런데 운전자 자신은 급브레이크를 밟았다고 생각하지만 실제로는 브레이크 페달을 충분히 밟아주지 못해 제동력이 부족한 경우도 많다. 이런 일은 여성이나 고령자 등 체력이 약한 운전자에게만 일어나는 일이 아니다.

평소 브레이크를 강하게 밟는 습관이 없는 대부분의 운전자는 돌발적인 상황에서 힘껏 브레이크 페달을 밟지 못한다. 물론 브레이크에 '배력 장치부스터'라는 것이 달려 있는 덕분에 일상적인 운전 상황에서는 세게 브레이크를 밟지 않아도 충분한 제동력을 발휘할 수 있다. 하지만 긴급 상황일 때는 다르다. 이때 **브레이크 어시스트**brake assist라는 시스템이 개입해 운전자의 브레이크 밟는 힘을 보조한다.

운전자가 브레이크 페달을 밟는 기세나 밟고 있는 시간, 자동차의 속도 등을 바탕으로 시스템을 제어하는 ECU는 급브레이크인지 아닌지를 판단한다. 그리고 ECU가 급브레이크라고 판단하면 **브레이크의 힘을 더욱 높여서 급제동을 건다.**

ABS가 브레이크의 힘을 줄이는 조정 장치라면 브레이크 어시스트는 브레이크의 힘을 증강하는 장치라고 할 수 있다.

정체 구간에서의 추돌 사고

사진 제공 : 보쉬

정체 구간의 맨 뒤나 추돌 사고 현장의 후방에서 일어나는 연쇄 추돌 사고는 운전자가 한눈을 팔아 앞차를 늦게 발견할 때 발생하는 경우가 많지만, 브레이크를 충분히 밟지 않아 발생하는 경우도 있다. 브레이크 어시스트는 운전자가 급브레이크를 밟아야 하는 순간 페달을 충분히 밟지 않았다고 판단하면 제동력을 최대한으로 높여서 추돌에 따른 충격을 최소한으로 억제한다.

브레이크 어시스트의 단면도

그림 제공 : 다임러

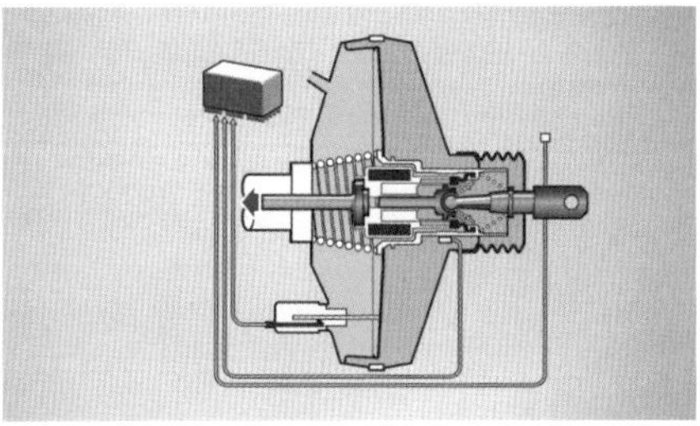

브레이크 어시스트의 중심은 브레이크 배력 장치와 여기에 또 부착되어 있는 배력 장치다. 원래 평상시에도 배력 장치가 엔진의 부압을 이용해 브레이크 페달을 밟는 힘을 줄여주는데, 운전자가 급브레이크를 밟은 상황이라면 제동력을 더욱 높여서 제동 거리를 줄이도록 브레이크 어시스트가 작동한다. 게다가 ABS와 조합되어 있어 스티어링을 통제하지 못하는 일도 없다.

브레이크 어시스트의 부품

사진 제공 : 다임러

브레이크 어시스트는 배력 장치에 들어 있는 어시스트 장치와 제어용 컴퓨터, 페달 등에 달린 센서로 구성되어 있다. 최신 시스템의 경우, 브레이크의 부스터 자체가 차체 자세 제어 장치에 포함되어 있다. 이 덕분에 브레이크 어시스트 이외에도 다양한 제동 제어가 가능해졌다(78쪽 참조).

2-04 프리 크래시 세이프티 시스템

장해물이나 앞차의 존재를 경고한다

대부분의 운전자는 운전에 익숙해지면 일상 주행을 할 때 주의력이 산만해지거나 무의식적으로 차량을 조작하는 경우가 있다. 또 피곤하거나 몸 상태가 좋지 않은데 운전을 해야 할 때도 있을 것이다. 게다가 어떨 때는 자신의 몸이 그런 상태임을 깨닫지 못하는 경우도 있다. 그 결과 전방의 장해물이나 앞차를 늦게 발견해 충돌이나 추돌을 일으키는 불행한 사고가 끊이지 않고 있다.

프리 크래시 세이프티 시스템free crash safety system은 이런 상황에서 자동차가 위험을 감지해 운전자에게 경고할 수 있다면 전방의 장해물 또는 차량을 늦게 발견해서 발생하는 사고를 줄일 수 있을 것이라는 생각에서 개발되었다.

여기에는 밀리미터파 레이더 장치가 사용되었다. 밀리미터파 레이더 장치가 전방의 차량이나 장해물을 감지했음에도 운전자가 이를 피하려는 움직임을 보이지 않으면 먼저 안전벨트를 조이거나 가볍게 제동을 걸어서 운전자에게 주의를 준다. 그리고 운전자가 졸음운전을 하거나 운전 중에 한눈을 팔아서 위험하다고 판단되는 거리까지 차량이 접근하면 자동으로 강하게 제동을 걸어서 충돌하더라도 충격을 경감시킨다.

도요타는 프리 크래시 세이프티 시스템에 운전자 모니터를 장착했다. 운전자의 얼굴을 CCD 카메라로 감지해 눈을 깜빡이는 시간 등을 측정해서 졸음운전을 하고 있는지 판별하는 것이다. 또 볼보는 SUV인 XC60에 완전히 차량을 정지시키는 자동 브레이크를 탑재했다. 자동차 제조 회사들은 이런 적극적인 안전장치를 통해 더욱 안전성을 높이고 있다.

메르세데스 벤츠 S클래스의 프리 세이프 작동

그림 제공 : 다임러

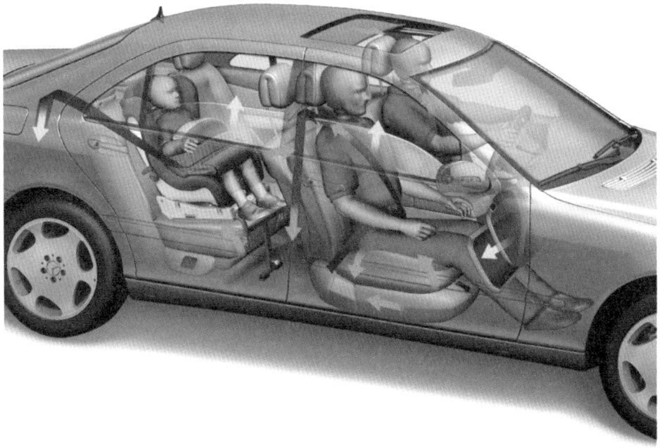

메르세데스 벤츠는 자사의 안전 기술을 프리 세이프라고 부른다. 전자 제어식 차체 자세 제어 장치(ESP)의 작동이나 브레이크 어시스트의 ECU에서 보낸 정보를 바탕으로 충돌 위험성이 있다고 판단하면 안전벨트를 조여 탑승자의 몸을 더욱 강하게 고정하고 충돌에 대비한다.
또한 시트의 등받이를 세우고 좌면의 각도도 조정해 몸이 앞쪽 밑으로 들어가지 않게 한다. 선루프가 열려 있으면 자동으로 닫아서 차외 방출을 방지한다.

프리 크래시 세이프티 시스템 해설도

그림 제공 : 도요타

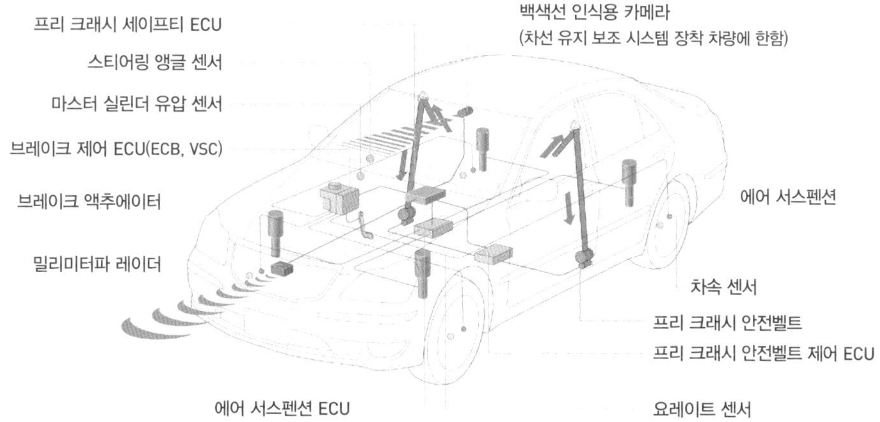

도요타 '크라운'의 프리 크래시 세이프티 시스템은 전방의 장해물이나 선행 차량과의 거리, 속도를 검출하는 레이더 장치와 자동차의 선회 상황을 검출하는 요레이트 센서로 충돌 또는 휠 스핀의 위험성을 판단한다. 충돌 위험이 임박했다고 판단하면 안전벨트를 조여서 운전자에게 경고하며, 상황에 맞춰 브레이크를 작동시킨다. 미리 작동을 준비함으로써 에어백의 반응도 빨라지고, 자동으로 제동을 걸어 속도를 줄였기 때문에 만에 하나 충돌하더라도 운전자와 탑승자는 가벼운 부상에 그친다.

2-05 타이어 공기압 경보 시스템

센서를 탑재해 상시 감시한다

타이어는 거의 밀폐 상태이지만, 그 안의 공기압이나 온도는 일정하지 않다. 타이어가 주행 중에 진동 또는 충격을 흡수하거나 마찰열로 타이어 안의 공기 온도가 상승하면 공기압도 높아진다. 타이어의 공기압은 승차감과 안전성 등 차량의 성능 전반에 영향을 끼친다. 공기압은 안전과 직결되는 중요한 요소다. 타이어의 공기압이 극단적으로 낮은 상태에서 고속 주행을 계속하면 타이어가 비정상적으로 변형되어 파열될 수도 있다.

독일에서는 타이어 공기압을 감시하는 시스템을 상당히 오래전부터 개발했다. 주행 중인 자동차에 타이어 공기압은 매우 중요한 요소이기 때문이다. 회전하는 휠에 공기압을 측정하는 센서를 부착해 전파 신호를 수신하는 방식으로 공기압을 감시하는 시스템직접식을 탑재한 자동차가 늘어났다.

타이어는 공기가 빠지면 모양이 일그러진다. 그러면 실제 바깥지름보다 작아져 다른 타이어보다 회전수가 많아진다. 이 현상을 이용해 직진 상태에서 회전수가 다른 타이어를 검출하는 방식으로 공기압을 관리하는 시스템간접식도 등장했다.

참고로 사막을 주파해야 하는 랠리용 차량에는 타이어 공기압을 주행 중에 조정할 수 있는 특수 장치를 채용하기도 한다.

타이어 공기압 경보 시스템의 차이

직접식

특징
- 각 타이어의 절대압을 검출
- 센서 안의 배터리는 장기간의 내구성을 확보

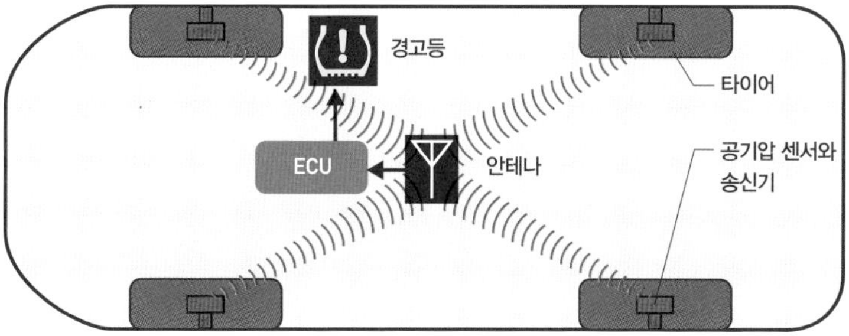

간접식

특징
- 각 타이어의 압력 차이와 절대압을 검출
- 높은 신뢰성(추가 장비 필요 없음)

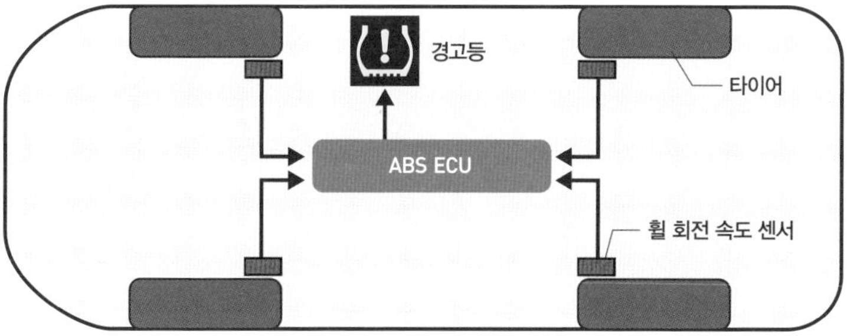

직접식은 ECU가 타이어 공기압 센서로부터 정보를 수신해, 기준보다 공기압이 낮으면 경고등이나 액정 표시 등으로 운전자에게 알린다. 간접식은 다른 휠과의 회전수 차이로 타이어 공기압이 감소했는지 판정한다. 펑크 때문에 공기압이 떨어지면 타이어가 찌그러져 접지면의 반지름이 작아지면서 회전수에 차이가 생기는 것을 이용한 것이다. 변속기의 회전을 바탕으로 휠의 적정한 회전수를 검출하고, 이것이 실제 휠의 회전수와 다르면 모든 타이어의 공기압이 낮아졌다고 판단한다.

2-06 나이트 비전

어둠 속에서도 사람이나 동물을 감지한다

사람 눈으로 볼 수 있는 것에는 한계가 있다. 가시광선을 쪼여서 반사하는 것만 볼 수 있기 때문이다. 검은색은 빛을 흡수하지만 주위 물체가 빛을 반사하기 때문에 인식할 수 있다.

야간 주행은 가로등이나 건물의 불빛, 헤드라이트의 조명에 의지한다. 그런데 고효율 헤드라이트 시스템이 등장하면서 라이트의 조명 범위를 넘어선 부분은 되레 상대적으로 더 어두워져 더욱 보이지 않게 되었다. 그래서 시야 확보를 보완하는 장치로 고안된 것이 적외선을 응용한 운전 지원 시스템이다. 이 시스템은 원래 군사용으로 개발된 암시 장치 기술을 응용한 것이다. 전방의 장해물을 감지하는 방법으로는 레이더파를 이용한 것도 있지만, 단순히 레이더파의 반사를 이용한 시스템으로는 장해물과의 거리 측정은 가능해도 방향까지 알아내기는 어려웠다. 그래서 적외선 카메라를 이용한 시스템이 등장했는데, 열을 발산하는 물체라면 거리와 방향, 나아가 대략적인 크기까지 감지할 수 있다. 그 결과 **도로 위에 있는 사람이나 동물, 자동차 등을 어둠 속에서도 식별할 수 있다.** 그 밖의 물체가 도로 위에 있는 경우는 거의 없으므로 대부분의 장해물을 감지할 수 있는 셈이다.

또한 실제 시스템에서는 사람의 형태를 인식하면 운전석의 디스플레이가 그 모양을 강조해 표시함으로써 주의를 환기하고 사고를 방지하는 효과를 높였다. 보이지 않는 것을 보여줄 뿐만 아니라 운전자에게 확실한 경고를 보내고 안전한 운전이 가능하도록 보조해 주는 것이다.

BMW의 나이트 비전 카메라

사진 제공 : BMW

BMW 7시리즈의 프런트 범퍼에는 열원(熱源)이나 사람, 동물 등이 방출하는 원적외선을 감지하는 카메라를 장착할 수 있다.

나이트 비전 카메라의 시야

그림 제공 : BMW

나이트 비전 카메라는 원적외선을 감지해 증폭 · 표시한다. 그래서 헤드라이트의 빛이 다다르지 않는 300미터 앞의 사람도 인식해 표시하고 운전자에게 경고를 보낼 수 있다.

도요타의 나이트 뷰(보행자 감지 기능 탑재)

사진 제공 : 도요타 자동차

근적외선 카메라 시스템으로는 세계 최초로 보행자를 감지하는 기능을 탑재했다. 전방 40~100미터에 보행자가 있으면 해당 보행자를 사각형으로 둘러싼 영상을 내보내서 주의를 환기한다.

2-07 후방 차량 모니터링 시스템

진로를 변경할 때의 위험을 줄여준다

운전자는 진로를 변경할 때 주변 자동차의 진로를 방해하지 않도록 안전하고 원활하게 운전해야 한다. 그러나 최근에는 사이드미러와 룸미러를 활용하고 직접 눈으로 살펴봐도 대각선 후방의 시야를 확보하기가 어려운 자동차도 있다. 예를 들어 공기 저항을 중시한 디자인과 충돌 안전성, 주행 성능을 우선한 차체 구조 때문에 리어 쿼터 윈도측면 제일 뒤쪽의 창가 작아지면서 시야 확보가 어려워졌다.

이런 부족한 시야를 보조하기 위한 효과적인 수단은 CCD 카메라를 이용하는 것인지도 모른다. 초소형 카메라라면 디자인에 영향을 끼치지 않으면서 사각死角 부분을 영상으로 제공할 수 있다. 그러나 카메라의 경우 카 내비게이션의 화면을 통해 운전자 자신이 영상을 확인할 필요가 있는데, 이것은 이것대로 위험할 수가 있다.

그래서 마쓰다는 **후방 차량 모니터링 시스템**이라는 장치를 채용했다. 이것은 낮은 루프와 비스듬하게 뻗은 기둥필러이 만들어내는 대각선 후방의 사각을 보완하는 시스템으로, 자동차의 좌우 후방에 차량이 있는지를 레이더 모듈로 감지한다. 이 레이더 모듈이 차량을 감지하면 대시보드 양쪽 끝의 LED가 깜빡이고 경고음도 울려서 주의를 환기한다. 운전자는 이 표시를 보고 진로 변경을 중단하거나 후속 차량을 충분히 확인하면서 진로 변경을 하게 되므로 충돌 사고를 방지할 수 있다.

마쓰다의 후방 차량 모니터링 시스템

그림 제공 : 마쓰다

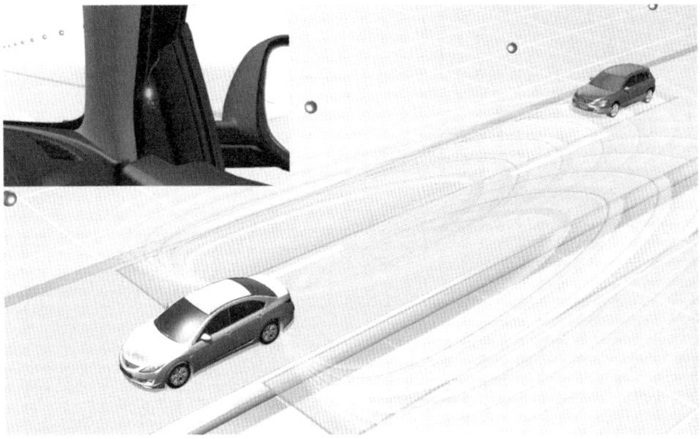

마쓰다의 후방 차량 모니터링 시스템은 진로 변경을 할 때, 50미터 이내의 대각선 후방에 자동차가 존재하면 사이드미러가 달린 부분에 설치된 램프를 깜박이고 스피커에서 경고음도 내보낸다. 이에 따라 운전자는 다시 한 번 사이드미러나 눈으로 후방 차량을 확인하고 안전한 상태에서 진로를 변경할 수 있다.

메르세데스 벤츠의 레인 세이프티 패키지

그림 제공 : 다임러

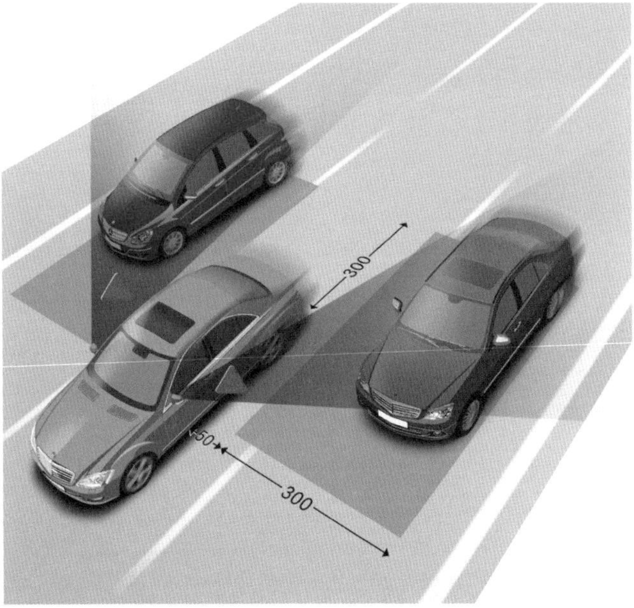

차체가 큰 자동차는 사각이 생기기 쉽다. 메르세데스 벤츠는 사각이 발생하는 부분을 감지해 경고를 보내는 시스템인 '레인 세이프티 패키지'를 갖추고 있다.

2-08 지능형 페달

액셀러레이터와 브레이크를 조작해 추돌을 방지한다

운전 중에 자기도 모르게 곁눈질을 하거나 다른 생각을 한 경험은 누구나 있기 마련이다. 그러다 전방의 상황 변화를 늦게 발견하면 중대한 사고를 일으킬 위험성이 있다. 닛산은 이런 운전자의 안전 운전을 보조하는 독특한 장치를 마련했다. 그것이 **지능형 페달**거리 조절 보조 장치이다.

지능형 페달은 자동차가 항상 선행 차량과의 거리를 레이더 센서로 측정하면서 선행 차량과의 차간 거리와 상대 속도에 맞춰 기능한다. 먼저 자차가 선행 차량에 접근할 경우, 운전자가 선행 차량에 주의해 가속 페달에서 힘을 빼면 시스템이 자동으로 브레이크를 걸어 감속을 보조한다. 또 위험을 깨닫지 못해 가속 페달을 계속 밟고 있는 경우 가속 페달 액추에이터가 가속 페달을 되밀어 운전자가 가속 페달에서 힘을 빼도록 한다.

선행 차량이 속도를 줄였다면 시스템이 표시와 소리로 경고를 보낸다. 운전자가 선행 차량의 접근을 깨닫지 못하고 가속 페달을 계속 밟고 있으면 가속 페달을 되밀어서 운전자에게 브레이크 페달을 밟을 것을 요구한다. 독일의 부품 제조 회사에서는 가속 페달에 진동을 일으켜 운전자에게 경고하는 시스템을 개발하고 있다.

지능형 페달의 원리

그림 · 사진 제공 : 닛산 자동차

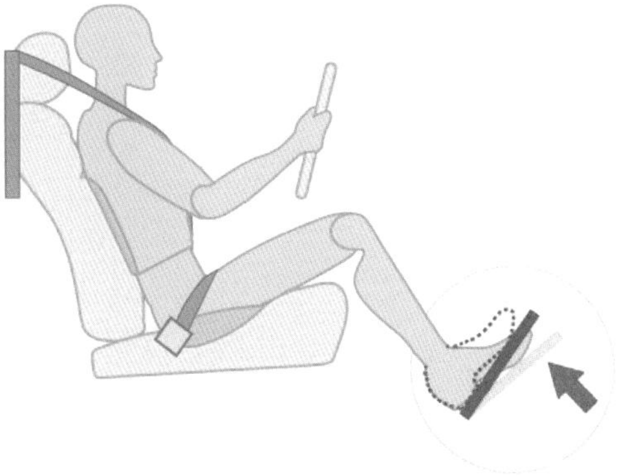

운전자가 선행 차량의 감속을 깨닫고 가속 페달에서 힘을 빼면 차간 거리에 맞춰 자동으로 제동이 걸리면서 빠르고 매끄럽게 속도가 줄어든다. 운전자가 선행 차량과의 차간 거리가 줄어들었음에도 가속 페달을 계속 밟고 있으면 계기판의 표시와 경보로 경고하며, 가속 페달을 되미는 힘을 발생시킨다.

지능형 페달의 시스템

그림 제공 : 닛산 자동차

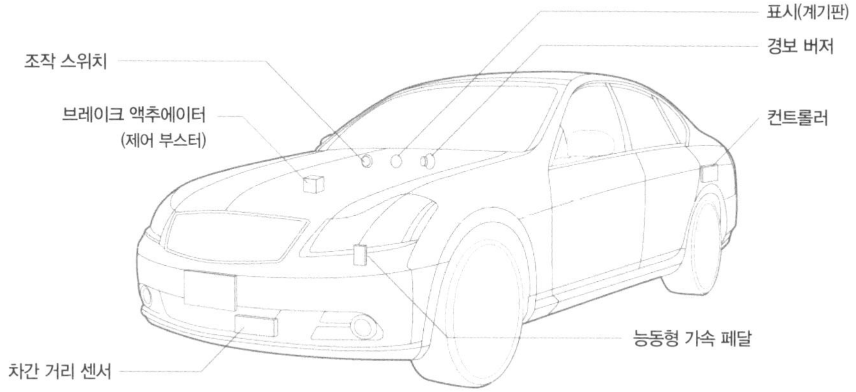

2-09 차선 · 차간 · 차속 지원 시스템

쾌적하고 안전한 고속도로 운전을 지원한다

도로는 곧게 뻗은 것처럼 보여도 살짝 굽어 있고 차선이 늘어나거나 줄어들기도 하며 도로 폭이 바뀌기도 한다. 또 노면의 굴곡이나 경사가 자동차의 진로를 흐트러트릴 경우도 있다. 그렇기 때문에 항상 차선 중앙을 유지하며 달리는 것은 의외로 어려운 일이다. 그렇다고 교통량이 많은 도로에서 위치를 유지하려고 자꾸 좌우로 움직이면 전후좌우의 자동차에 지나치게 접근하게 되어 위험하다.

그래서 주행 차선 내를 원활하게 주행하기 위한 지원 시스템이 실용화되고 있다. 혼다의 'HiDSHonda intelligent Driver Support System'는 그런 차선 유지 지원 시스템 중 하나다. HiDS는 차선 유지 지원 기능LKAS과 차속/차간 거리 제어 기능IHCC을 조합해 쾌적하고 안전한 고속도로 운전을 지원하는 시스템이다.

차선 유지 지원 기능은 프런트 윈도 상부 안쪽에 있는 CMOS 카메라가 촬영한 차선을 인식해 차선을 따라 주행하도록 전동 파워 스티어링이 자동으로 움직이며 운전자의 스티어링 조작을 지원한다. 차속/차간 거리 제어 기능은 프런트 그릴 안에 장착된 밀리미터파 레이더가 선행 차량과의 차간 거리를 측정하면서 차속과 차간 거리를 자동으로 제어한다.

이와 같은 차선 유지 지원 시스템은 비교적 선회 반경이 큰 고속도로에서 이용할 수 있다. 물론 차선 변경이나 위험 회피를 위한 스티어링 조작을 방해하지는 않는다. 또한 HiDS의 경우 운전자가 스티어링에서 손을 떼면 경고 등이 깜빡이며 자동으로 스티어링 조작 지원이 해제된다. 지원 장치는 운전에 여유를 줄 뿐이다.

HiDS의 시스템 구성

그림 제공 : 혼다기연공업

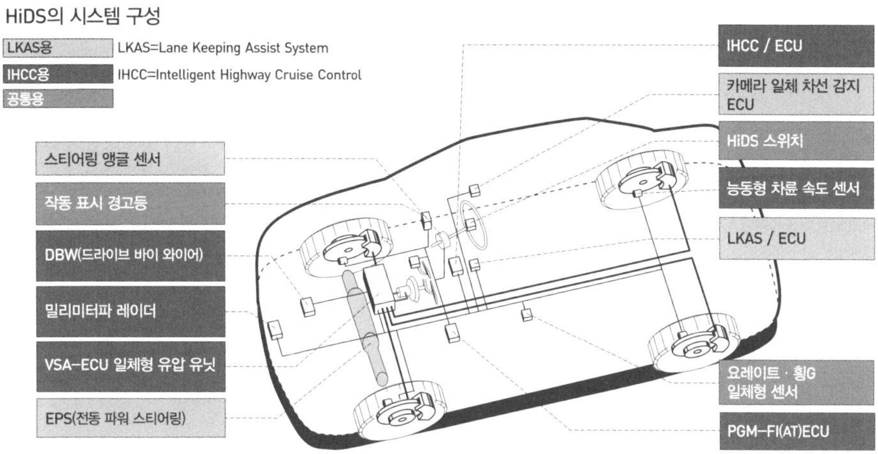

HiDS의 조작 버튼

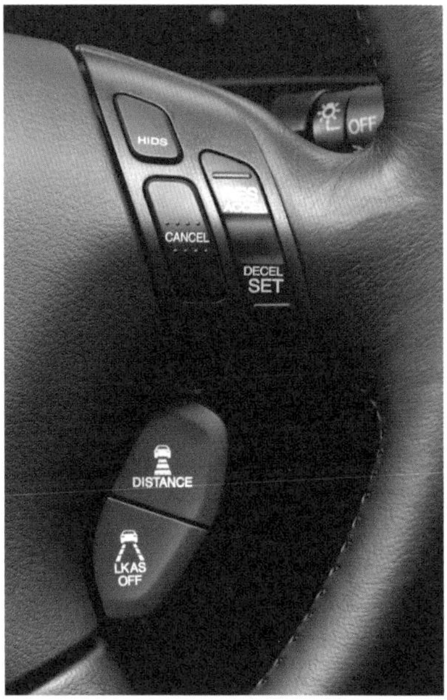

스티어링에 장착되어 있어서 즉시 조작할 수 있다.

차선 유지 지원 기능(LKAS) 작동 화면

자동차의 양 측면에
차선이 표시된다.

차속/차간 거리 제어 기능 (IHCC) 작동 화면

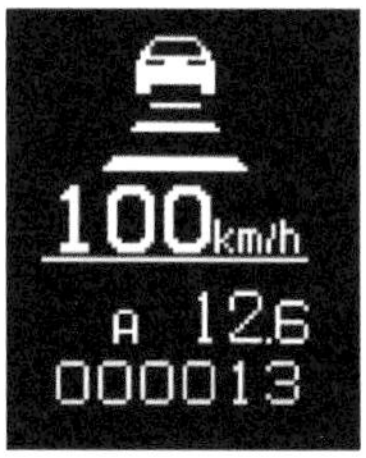

자동차의 양 측면에
차선 표시가 없다.

2-10 파인 그래픽 미터

액정 패널을 이용해 화면을 자유자재로 바꾼다

자동차 계기판은 운전자에게 여러 가지 정보를 알려주는 창구 역할을 한다. 운전자는 대개 주행 중에 필요한 정보를 순식간에 파악해야 하기 때문에, 자동차 제조 회사들은 계기판이 잘 보이도록 노력하고 있다. 그리고 이와 같은 최소한의 조건을 만족시키면서 운전에 도움이 되는 정보를 얼마나 많이 표시할 수 있느냐가 계기판의 성능을 좌우한다.

기존의 계기판은 속도와 엔진 회전수, 연료 잔량 등 표시하는 항목별로 계기가 있으며 그것을 조합해서 배치했다. 그러나 최근에는 계기판 일부에 액정 패널을 사용해서 필요한 정보에 맞춰 표시 방식을 유연하게 바꿀 수 있는 자동차가 늘고 있다. 도요타는 계기판 전체를 한 장의 액정으로 표시하는 **파인 그래픽 미터**를 '크라운 하이브리드'에 채용했다. 덕분에 주행 상태에 맞춰 표시하는 항목이나 계기의 디자인을 자유롭게 전환할 수 있게 되었다. 가령 나이트 뷰가 작동 중인 야간 주행 시에는 사람이나 동물 등을 감지하면 즉시 계기판 중앙에 크게 영상을 표시해 운전자의 주의를 환기한다.

앞으로는 이런 액정 패널식 계기판을 채용한 자동차가 늘어날 것이다. 액정 패널의 가격이 하락했고, 이 같은 계기판은 아날로그 계기판의 바늘을 정확하게 움직이게 하던 스테핑 모터나 이것을 제어하는 소프트웨어가 필요 없으므로 그에 따른 비용도 절감할 수 있다.

파인 그래픽 미터의 다양한 모드

사진 제공 : 도요타 자동차

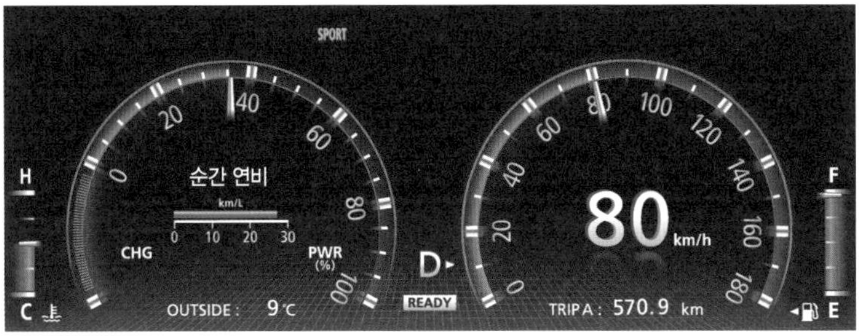

스포츠 모드

대시보드 위의 주행 제어 모드 스위치로 '스포츠 모드'를 선택하면 서스펜션이나 파워 트레인의 특성을 스포티하게 변화시키는 동시에 계기판의 표시도 붉은색 기조의 패턴으로 바뀐다. 주행 특성에 걸맞은 정보와 이미지가 운전을 더욱 즐겁게 해준다.

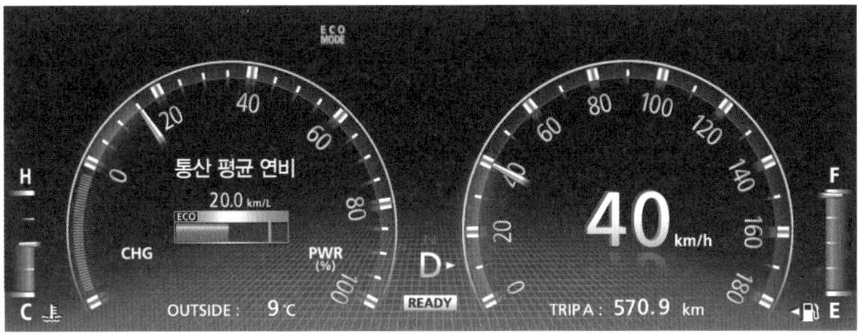

경제 운전 모드

'경제 운전 모드'를 선택하면 푸른색 기조의 패턴이 되며, 파워 트레인의 특성도 연비를 중시하는 쪽으로 변경된다. 통상 모드의 화면에 가깝지만 좀 더 단순하고 연비 주행 상황을 쉽게 알 수 있다. 왼쪽 계기 안에 충전이나 모터 구동 등의 상황을 보여주는 '에너지 모니터'를 표시할 수도 있다.

나이트 뷰

나이트 뷰가 작동하면 계기판에 크게 화면이 표시되어 헤드라이트의 조명만으로는 알기 어려운 보행자 모습을 강조해서 운전자의 주의를 환기한다. 이 상태에서는 속도가 숫자로 표시되며 엔진 상태 등은 생략된다. 최소한의 정보만을 표시하는 것이 특징이다.

2-11 음주 운전 방지 장치

자동으로 음주 운전을 예방한다

교통사고는 피해자뿐만 아니라 가해자도 불행에 빠뜨리는 참으로 슬픈 사건이다. 음주 운전 때문에 생긴 교통사고는 특히 비참하다. 음주 운전을 엄벌에 처하고 있지만, 그래도 쉽게 근절되지 않고 있다.

그래서 도요타가 개발한 알코올 인터록 장치는 주목할 만한다. 이것은 음주 운전 방지 장치로, 자동차에 부착되어 있다면 엔진 시동을 걸기 전에 마이크처럼 생긴 기계에 입김을 불어넣어야 한다. 그래서 입김 속의 알코올 농도를 측정해 기준 이상이 검출되면 경보를 울려 주의를 주거나 상태에 따라서는 자동차의 시동을 걸 수 없도록 인터록interlock, 차량의 스타터 회로를 제어해 엔진 시동을 걸 수 없게 하는 것을 건다. 인터록이 걸리면 관리자에게 연락해야 해제할 수 있다. 다른 사람이 대신 입김을 불어주는 일을 방지하기 위해 디지털 카메라로 운전자의 얼굴을 촬영해 기록한다. 뿐만 아니라 최신 장치의 경우, 습도를 감지해 사람의 입김인지 판단할 수도 있다.

도요타의 알코올 인터록 장치

사진 제공 : 도요타 자동차

도요타가 개발한 운송업자용 알코올 인터록 장치다. 입김을 불어서 알코올 농도를 측정한다. 그 결과 기준 이상의 알코올이 검출되면 경보로 주의를 환기하거나 ECU의 잠금 기구가 작동해 엔진 시동이 안 걸린다.

닛산의 음주 운전 방지 자동차

사진 제공 : 닛산 자동차

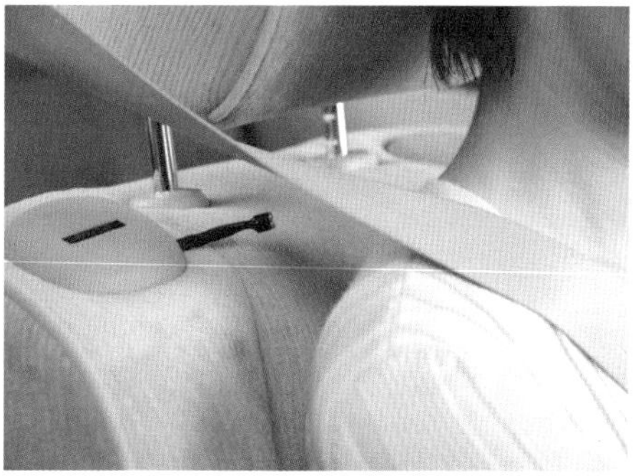

기어 노브에 설치된 센서가 손바닥의 땀에 알코올이 들어 있지 않은지 조사한다. 알코올이 검출되면 기어 잠금 장치를 작동시켜 자동차를 달리지 못하게 한다. 시트 주변에 설치된 센서는 탑승자에게서 알코올이 검출됐을 경우 목소리와 카 내비게이션의 화면 표시를 통해 경고를 보낸다.

2-12 고속도로 역주행 방지 시스템

GPS와 연동해 역주행을 방지한다

일반 운전자들에게는 조금 믿기지 않는 이야기겠지만, 실수로 고속도로를 역주행하는 바람에 발생하는 사고가 끊이지 않는다. 고속도로 역주행은 휴게소의 입구와 출구를 혼동하거나 복잡한 나들목에서 진입해서는 안 되는 방향으로 들어가면 발생한다. 고속도로는 중앙 분리대가 설치되어 있기 때문에 편도 일차선의 도로라고 착각하고 상당한 거리를 달리다 큰 사고를 일으키는 경우도 볼 수 있다.

이와 같은 역주행은 초보자나 고령 운전자가 잘못된 판단을 해서 일어나는 사례가 많다. 그래서 전자 기술을 활용하거나 도로 구조를 재검토하고 보완해서 역주행을 예방하는 시스템이 개발되고 있다.

일본의 고속도로를 관리하는 중일본고속도로와 닛산은 2009년부터 카 내비게이션의 GPS 기능을 이용한 역주행 경보 시스템을 개발하기 시작했다. 이것은 상세한 지도 데이터와 새로운 프로그램을 조합해 역주행을 방지하는 시스템이다. GPS 기능을 이용해 자동차의 위치와 진행 방향을 파악하고 이 정보에 기초해서 휴게소나 나들목 부근을 역주행하고 있다고 판단하면 카 내비게이션의 화면에 역주행을 경고하는 문구를 표시하고 음성 안내가 나와 주의를 환기한다.

GPS 기능을 활용한 역주행 방지 기능

그림 제공 : 닛산 자동차

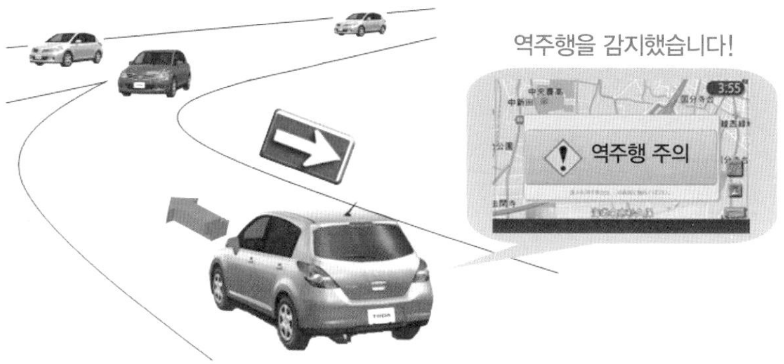

카 내비게이션의 GPS 기능과 지도 데이터를 이용해 휴게소나 나들목 근처를 역주행하면 음성과 화면 표시로 운전자의 주의를 환기한다.

완만한 오르막길이나 내리막길에서의 주의 환기

그림 제공 : 닛산 자동차

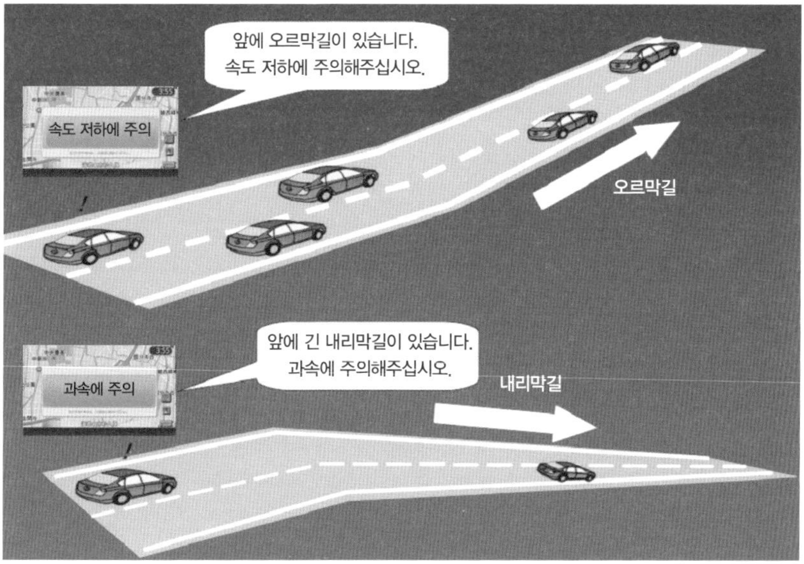

GPS 기능을 이용해 자기도 모르는 사이에 속도가 떨어지기 쉬운 완만한 오르막길이나 반대로 생각보다 속도가 더 나오기 쉬운 완만한 내리막길에 접어들면 카 내비게이션으로 경고를 보낸다.

2-13 안전 운전 지원 시스템(DSSS)

주행 중인 자동차에 정보를 제공한다

일본에서는 경찰청과 자동차 제조 회사가 민관 공동 프로젝트로 도로-차량 협조형 **안전 운전 지원 시스템**DSSS을 개발하고 있다. 이것은 시야가 막혀 있는 교차로 등에서 운전자에게 다른 교통수단의 정보를 전달해 갑작스러운 충돌 사고 등을 방지하는 시스템이다. 교차로에 센서나 카메라, 송신 장치 등을 설치해서 자동차와 이륜차, 보행자 등의 유무를 항상 감지해 교차로에 접근하는 자동차에 정보로 제공한다.

아직 실험 단계이지만, 정보를 광 비콘beacon, 근거리 무선 통신으로 송수신해 카 내비게이션의 모니터에 표시하는 다음과 같은 시스템이 개발되고 있다.

① 사고 상황 정보 제공 시스템
② 속도 정보 제공 시스템
③ 충돌 정보 제공 시스템
④ 우회전 측면 접촉 정보 제공 시스템
⑤ 대향차 접근 정보 제공 시스템
⑥ 좌회전 충돌 정보 제공 시스템
⑦ 보행자 횡단 정보 제공 시스템
⑧ 위험 지역 회피 정보 제공 시스템

이런 시스템을 통해 사고가 자주 일어나는 교차로에 접근한 자동차에 주의를 환기하고, 전방의 교차로가 일시 정지가 의무화된 곳이거나 정지 신호인데 속도를 줄이지 않는 자동차가 있으면 운전자가 신호나 표지를 보지 못했을 가능성도 있다고 판단해 경고를 보낸다. 또 우선권이 있는 차량에 정보를 제공해 이를 주의하면서 운전하도록 유도할 수 있다.

시야가 나쁜 교차로에서의 예

그림 제공 : 일본 신교통관리시스템협회

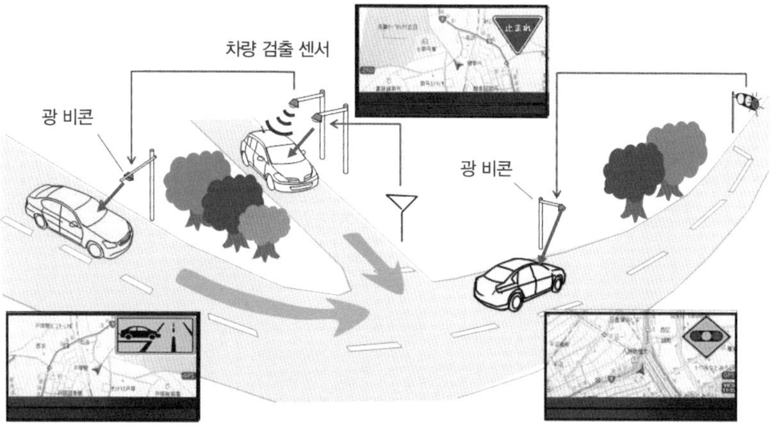

설치된 차량 센서가 일시 정지 쪽 도로를 달리는 자동차를 확인하면 광 비콘으로 정보를 보내 일시 정지를 요구한다. 또 동시에 우선 도로를 달리는 자동차에도 교차로에 다른 자동차가 진입하려 하고 있음을 광 비콘으로 알려 주의를 환기한다. 이런 운용은 교통사고를 줄이는 것이 목적이다.

시야가 나쁜 커브길의 안내

그림 제공 : 일본 국토교통성

그림은 도로 위의 센서가 급커브 때문에 전방 시야가 나쁜 도로에서 정체 후미나 저속 운행 차량 등을 감지해 후속 차량에 광 비콘으로 알리는 '전방 상황 정보 제공 시스템'을 설명하고 있다. 이 시스템은 국토교통성이 주최하는 '스마트 웨이 프로젝트'의 일환으로 개발이 진행되고 있다. 안전 운전 지원 시스템과 매우 유사하며, 운전자에게 알아채기 어려운 정보를 재빨리 전달해 사고를 방지한다는 목적은 동일하다.

토막 상식 2

가솔린은 언제쯤 고갈될까?

하이브리드 자동차나 전기 자동차가 관심을 모으고 있는 이유는 단순히 지구 온난화의 진행을 늦추고 대기 오염을 줄일 수 있어서가 아니다. 원유 가격이 급등하면서 그 정제물인 가솔린과 경유의 가격이 상승한 것도 한 원인이다.

그래서 자동차 이용자들은 연료 가격에 휘둘리지 않기 위해 하이브리드 자동차처럼 가솔린이나 경유를 많이 사용하지 않는 자동차로 넘어가고 있다. 그렇다면 가솔린 자동차는 이제 곧 사라질까? 현실적으로 생각할 때 가솔린 자동차가 그리 쉽게 사라지지는 않을 것이다. 현 시점에서 생산되고 있는 가솔린 자동차가 사용되지 않게 되기까지는 상당한 시간이 필요하다.

애초에 가솔린나 경유의 원료인 원유는 30년 정도 전부터 "앞으로 50년 후에는 고갈된다"라는 말이 있었다. 그러나 현재도 "앞으로 50년은 이용할 수 있다"고 한다. 이것은 기술 진보와 원유 가격의 상승으로 과거에는 채산이 맞지 않아 채굴을 포기했던 유전에서 원유를 생산할 수 있게 되었으며 새로운 유전을 발견하는 기술이 발달한 덕분이다.

또 식물을 재료로 만드는 **바이오매스** 연료가 연구되고, 해조류에서 석유를 만들어내는 미생물도 발견되어 연구가 진행되고 있다. 북극이나 남극의 해저에는 메탄가스와 물이 얼어붙은 **메탄 수화물**이라는 물질이 있는데, 이것을 에너지로 이용하려는 연구도 진행되고 있다. 식물이나 해조류로부터 연료를 값싸게 만들 수 있게 되면 점점 성능이 좋아지고 있는 배터리와 경쟁할 것이며, 엔진도 진보를 거듭할 것이다.

CHAPTER 3

교통사고 피해를 줄이는 첨단기술

High Technology of Cars

운전자가 아무리 조심해도 사고를 완전히 막을 수는 없을지도 모른다. 그러나 사고가 발생했을 때 피해를 최소한으로 줄일 수는 있다. 운전자와 탑승자, 보행자의 생명을 지키는 기술을 소개한다.

미국의 '인프라 협조 시스템 개발 프로젝트'에 참가하고 있는 닛산자동차가 만든 '부딪히지 않는 자동차'. 접근하는 차량의 정보를 운전자에게 알려 경고하고, 전방의 신호등이 붉은색일 경우 자동으로 정지하는 기능을 갖추고 있다.

사진 제공 : 닛산 자동차

3-01 운전석용 에어백

스티어링과 앞 유리에 부딪히는 사태를 방지한다

운전석용 에어백은 전방의 차량과 충돌 사고가 일어난 순간에 작동해 스티어링이나 앞 유리에 부딪히지 않도록 운전자를 지켜준다. 보통은 스티어링 중앙에 들어 있다가 충돌이 일어났을 때 빠르게 부풀어 쿠션 역할을 한다.

에어백이 작동하는 원리는 다음과 같다. 먼저 차체에 부착되어 있는 센서가 충격을 감지하면 에어백을 제어하는 ECU에 신호를 보낸다. 신호를 받은 ECU는 스티어링에 들어 있는 에어백 모듈 내부의 인플레이터를 작동시켜 에어백을 펼친다. 충격을 감지한 뒤 에어백을 펼치기까지 허용된 시간은 불과 **0.03초**인데, 이것은 충돌 실험 결과 산출된 수치다.

원래 에어백은 항공기나 열차의 안전성을 향상하기 위해 일본인이 발명한 것이었는데, 좀처럼 도입되지 않았다. 에어백을 순간적으로 펼치려면 큰 폭발력이 필요했고, 이를 위해 화약을 써야 했지만 일본이나 유럽에서는 전례가 없다는 이유로 화약 사용을 허가받지 못했기 때문이다. 그런 상황에서 독일의 메르세데스 벤츠가 13년 동안 수천 번의 실험을 실시해 풍부한 데이터를 축적했다. 실제로 행정 당국자들의 눈앞에서 실험을 진행하기도 했는데, 이를 통해 에어백의 장점과 화약 사용의 안전성을 입증했다.

참고로 에어백의 정식 명칭은 **SRS**Supplemental Restraint System 에어백이며, 어디까지나 보조 구속 장치다. 운전자가 안전벨트로 몸을 올바른 위치에 고정하지 않은 상태에서는 효과가 크게 감소한다.

운전석의 에어백 단면

사진 제공 : 다임러

운전석의 에어백은 스티어링 중앙에 들어 있다. 위치가 운전자와 가까우므로 충돌했을 때 매우 짧은 시간 안에 작동해야 한다. 그래서 화약의 폭발력을 이용해 에어백을 팽창시킨다.

에어백 모듈

사진 제공 : 델파이

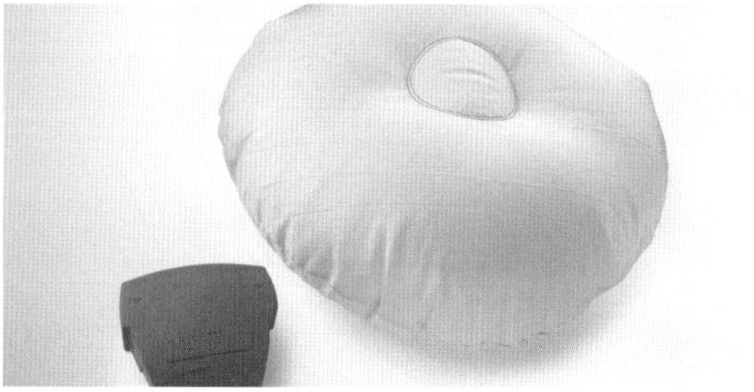

에어백은 일단 작동하면 재이용이 불가능한 1회용이다. 충돌로 에어백이 펼쳐졌지만 자동차의 손상이 크지 않을 경우에는 자동차를 수리하면서 에어백을 교환할 수는 있다. 스티어링의 센터 패드에 있는 모듈에는 접혀 있는 에어백과 에어백을 팽창시키기 위한 인플레이터가 장착되어 있다.

운전석 에어백이 작동한 모습

사진 제공 : BMW

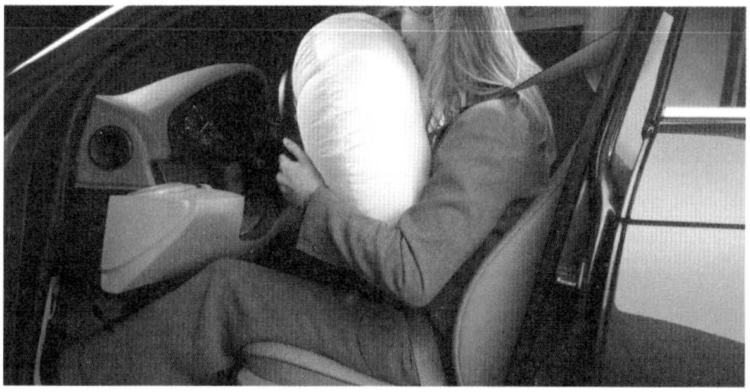

에어백은 전방에서 일정한 크기 이상의 충격이 가해졌을 때만 작동한다. 충격을 감지하면 에어백을 순간적으로 부풀려 운전자의 머리를 충격으로부터 보호한다. 또한 에어백은 부풀어 오른 순간부터 가스를 방출하며 쪼그라든다. 이렇게 압력을 낮춰서 머리 부분의 충격을 완화하는 것이다.

3-02 조수석용 에어백

운전석과 크게 다른 조건에 대응한다

조수석은 운전석보다 앞쪽 공간이 넓으므로 안전벨트만으로 충분하지 않느냐고 생각하는 사람도 있을지 모른다. 그러나 충돌 사고의 충격은 상상 이상으로 크다. 충격을 받는 순간 안전벨트가 늘어나버릴 뿐만 아니라 몸이 안전벨트를 중심으로 접히며 앞으로 뻗기 때문에 앞 유리나 대시보드에 부딪히는 경우도 많다. 그래서 조수석용 에어백도 개발되었는데, 탑승자와 에어백 사이의 거리가 멀기 때문에 **운전석용보다 용량이 큰 에어백이 필요하다**. 이에 따라 에어백을 순간적으로 펼치기 위한 인플레이터도 더욱 크고 강력해졌다.

조수석용 에어백은 운전석용보다 클 뿐만 아니라 부풀어 오르는 방식도 다르다. 에어백이 부풀어 오르는 방향은 자동차 제조 회사가 팽창 압력이나 에어백의 모양에 따라 조정한다. 또 충돌 강도에 따라 부풀어 오르는 압력을 2단계로 조정해서 충돌 시에 탑승자를 보호하는 유형도 있다. 조수석에 앉은 탑승자의 경우, 충돌이 강하면 앞으로 뛰어드는 듯한 자세가 되어 앞 유리에 강하게 부딪힐 우려가 있지만 충돌이 비교적 약하면 인사를 하는 듯한 자세가 되어 대시보드에 머리를 부딪힐 때가 많기 때문이다. 또 전면 충돌 시에 부상을 입는 부위는 상반신만이 아니다. 그래서 하반신을 보호하는 무릎 에어백을 조수석에 채용한 자동차도 늘고 있다.

조수석용 에어백의 단면도

사진 제공 : 다임러

현재 에어백은 운전석뿐만 아니라 조수석에도 설치하는 것이 일반적이다. 이에 따라 운전 중의 사망 사고가 크게 감소했다.

에어백 작동 사진

사진 제공 : BMW

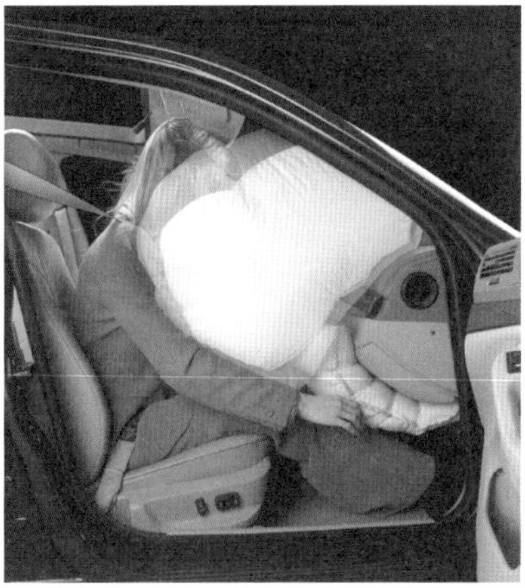

조수석은 대시보드와의 사이가 넓기 때문에 운전석용보다 큰 에어백이 필요하다. 사진은 에어백이 상반신뿐만 아니라 무릎 아래도 보호하는 모습이다.

무릎 에어백

사진 제공 : BMW

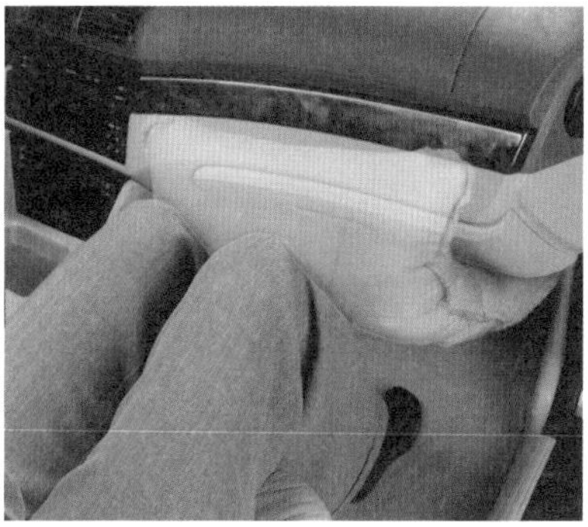

전면 충돌로 앞좌석의 탑승자가 부상을 입는 부위는 상반신만이 아니다. 대시보드의 형태나 운전자의 체격, 자세 등에 따라서는 무릎을 대시보드에 강하게 부딪힐 때도 있다. 무릎 에어백은 그런 부상으로부터 탑승자를 보호한다. 조수석용 에어백과 조합하면 전면 충돌 시의 부상을 줄일 수 있다.

3-03 측면과 커튼 에어백

측면 충돌 사고에서 탑승자를 보호한다

충돌 사고가 정면에서 달려오는 자동차나 전방의 장해물 때문에만 일어나는 것은 아니다. 교차로에서는 자동차의 측면에 다른 자동차의 전면이 충돌하는 '측면 충돌 사고'도 매우 많이 발생한다. 그래서 최근에는 자동차의 측면 구조에도 안전성을 요구되게 되었고, 차체 측면의 내충격성을 높이는 동시에 탑승자를 보호하기 위한 장치가 개발되었다.

측면 에어백이라고 부르는 것인데, 자동차 제조 회사에 따라 작동 방식이 다르다. 차문 안쪽에 설치하는 것과 시트 측면에 설치하는 것, 두 종류가 실용화되었다. 물론 양쪽 모두 측면 충격에 반응해 에어백을 펼쳐서 탑승자를 보호한다.

특히 머리 부분을 보호하기 위해 측면 충돌 시에 창유리를 안쪽에서 뒤덮는 **커튼 에어백**도 등장했다. 측면 충돌 시에 필러나 루프에 내장된 에어백이 펼쳐져 머리를 보호한다.

측면 충돌의 경우, 탑승자와 충돌물 사이의 거리가 가깝기 때문에 충격을 감지하는 'G 센서'보다 반응이 빠른 **음향 센서**를 사용하고 문이나 차체 내부의 기압 변화를 이용해 에어백을 작동시키는 유형이 개발되고 있다.

최신 자동차는 모든 탑승자를 보호할 수 있도록 약 10개에 이르는 에어백을 탑재하고 있다. 다만 그렇다고 해서 충돌했을 때 모든 에어백이 동시에 펼쳐지는 것은 아니다. 다양한 유형의 충돌 사고로부터 탑승자를 보호하기 위해 충돌 강도와 방향에 따라 알맞은 에어백이 작동하도록 고안되어 있다.

좌석 사이의 에어백

사진 제공 : 다임러

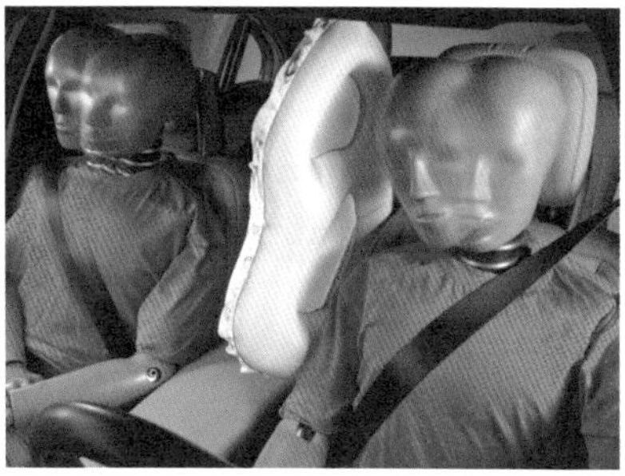

고급차는 좌석 사이에도 에어백이 있다. 측면 에어백이나 커튼 에어백 말고도 전면 충돌 시에 루프에서 탑승자의 앞쪽에 있는 에어백이 펼쳐지고, 측면 충돌 시에는 옆 좌석의 탑승자와 부딪히지 않도록 좌석 중앙에 칸막이처럼 에어백이 펼쳐지는 자동차도 있다.

커튼 에어백

사진 제공 : BMW

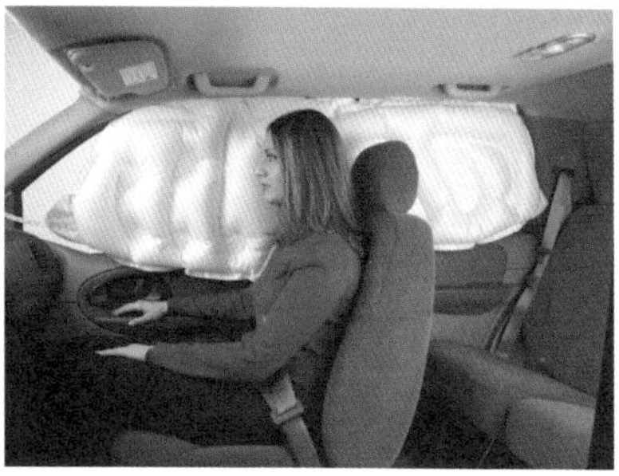

커튼 에어백은 측면 충돌 시에 머리를 좀 더 효과적으로 보호하기 위해 개발되었다. 말 그대로 커튼처럼 창유리를 덮어서 탑승자의 머리가 부딪히는 것을 방지한다.

측면 에어백

사진 제공 : BMW

대시보드나 스티어링에 내장된 에어백은 대각선 전방이나 측면의 충격에는 도움이 되지 않는다. 그래서 측면 충돌용 에어백이 개발되었다. 측면 에어백은 차문이나 시트에 내장되어 있다가 충돌 시에 펼쳐져 탑승자를 지탱하고 차문과 부딪히는 것을 막아준다.

3-04 안전벨트 텐셔너

쾌적함과 높은 구속력을 동시에 실현하다

탑승자는 안전벨트를 의무적으로 매야 하지만, 안전벨트가 안전을 완전하게 보장하는 것은 아니다. 충돌이 일어났을 때 안전벨트가 충격으로 살짝 몸이 늘어나거나 휘어지듯이 앞으로 뻗으면서 몸이 시트에서 떨어질 수도 있다. 그래서 레이서는 레이싱 중에 안전벨트를 힘껏 조여서 몸을 시트에 밀착시킨다.

그러나 일반 시가지를 달리는 탑승자가 레이서처럼 안전벨트를 매는 것은 현실과 동떨어진 행동이다. 매우 불편하고 갑갑하기 때문이다. 운전자들은 좀 더 간단하고 확실하게 맬 수 있으면서도 쾌적한 주행을 가능케 하는 안전벨트를 원했고, 그래서 등장한 것이 **안전벨트 텐셔너**seat belt tensioner다. 안전벨트 텐셔너는 충돌을 받으면 안전벨트의 앵커 부분을 끌어들여서 안전벨트를 조이는 보조 장치다.

텐셔너의 동력에는 화약식과 스프링식, 두 종류가 있다. 화약식은 에어백과 마찬가지로 충격을 받으면 화약을 폭발시켜 그 기세로 벨트를 당긴다. 스프링식은 힘을 모아놓은 스프링이 충격을 받으면 벨트를 조이는 방식이다.

안전벨트를 매려고 꺼내면 감김 저항이 느껴지지만 일단 매면 조이는 힘이 약해져서 장착감이 경감되도록 만들어져 있다. 그 대신 사고가 일어났을 때는 순간적으로 안전벨트를 조여서 탑승자를 보호한다.

안전벨트 텐셔너가 작동하는 원리

그림 제공 : 다임러

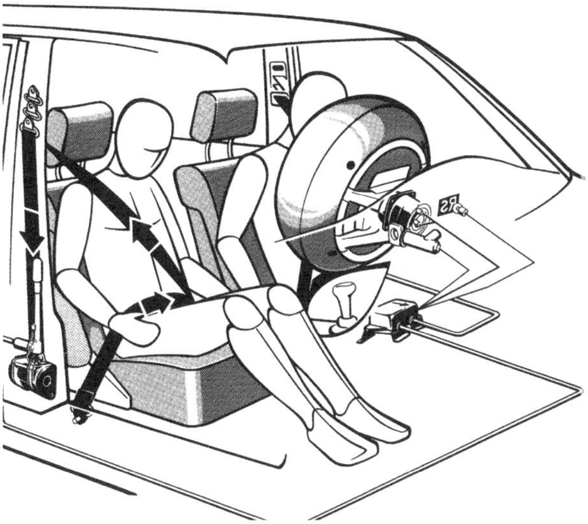

안전벨트 텐셔너는 충돌 시에 에어백과 마찬가지로 작동해 안전벨트를 조인다. 충돌 시에 벨트가 늘어나거나 몸이 휘어져 벨트의 구속력이 저하되는 것을 막는 것이다. 탑승자가 상처 입을 가능성이 줄어든다.

화약식 안전벨트 텐셔너

사진 제공 : 다임러

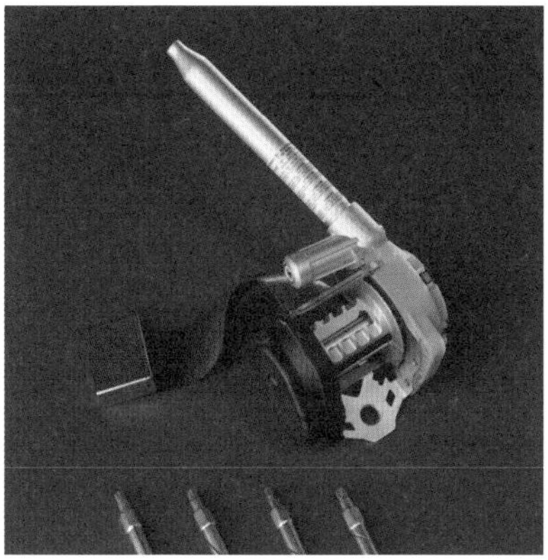

메르세데스 벤츠의 안전벨트 텐셔너는 에어백과 마찬가지로 화약을 사용해 순간적으로 견인력을 발생시킨다. 길쭉한 통 모양의 부품 속에 작은 로켓이 들어 있으며, 이 로켓이 발사되면 벨트를 잡아당긴다. 그 밖에 스프링에 힘을 모아두는 방법을 채용한 회사도 있다.

프리 크래시 세이프티용 안전벨트 텐셔너

사진 제공 : 다임러

프리 크래시 세이프티 시스템에 채용된 안전벨트 텐셔너는 충돌 위기가 임박했을 때 운전자에게 위험을 알리기 위해, 또 안전벨트의 구속력을 높이기 위해 충돌 전에 안전벨트를 감는다. 이 시스템에는 안전벨트를 감기 위한 모터가 설치되어 있다.

3-05 능동형 헤드레스트

추돌 시의 편타성 손상을 줄인다

능동형 헤드레스트는 후방 충격으로부터 탑승자의 목을 보호하기 위해 고안된 안전 장비로, 추돌 시에 선행 차량의 탑승자를 보호하는 것이 주된 역할이다. 추돌의 경우 선행 차량의 탑승자는 후방에서 갑작스러운 충격을 받아 목에 타격을 받을 때가 많다.

일본의 '교통사고종합분석센터'의 데이터를 보면 후방에서 충돌이 일어났을 경우 피해자의 90퍼센트 이상이 목에 손상을 입었으며, 일본에서만 연간 20만 명 이상의 피해자가 나오고 있다.

추돌을 당하면 탑승자의 몸은 먼저 시트에 눌리고, 약간의 시간이 지난 뒤 목이 뒤로 젖혀져 헤드레스트에 눌린다. 능동형 헤드레스트는 이 몸이 시트에 눌렸을 때의 힘을 이용해 시트 내부에 있는 유닛을 작동시켜 헤드레스트를 앞쪽으로 움직인다. 이렇게 해서 목이 헤드레스트에 눌릴 때 목과 헤드레스트의 간격을 좁힘으로써 목을 지탱해 타격을 줄인다.

헤드레스트와 목 사이의 공간을 좁히면 무거운 머리가 흔들리면서 일어나는 '편타성 손상'을 줄일 수 있다. 능동형 헤드레스트는 목 부담을 약 40퍼센트 줄이며, 부상을 입을 확률도 20퍼센트 이상 줄인다고 알려져 있다. 능동형 헤드레스트는 편타성 손상을 막는 데 매우 유용한 장치인 것이다.

고급차에는 후방 레이더가 후방을 감시하면서 추돌을 피할 수 없다고 판단하면 추돌 직전에 자동으로 헤드레스트를 앞으로 이동시키는 **지능형 헤드레스트**도 등장했다.

능동형 헤드레스트의 작동 사진

사진 제공 : 다임러

후방에서 충격을 받으면 탑승자의 몸이 시트에 눌리는 힘을 이용해 헤드레스트가 위쪽과 앞쪽으로 움직인다. 그 직후에 탑승자의 머리가 헤드레스트에 눌리면서 머리의 움직임을 억제해 목의 부담을 줄인다. 사진은 메르세데스 벤츠의 '넥프로'라는 헤드레스트다.

시트 등받이 내부의 구조

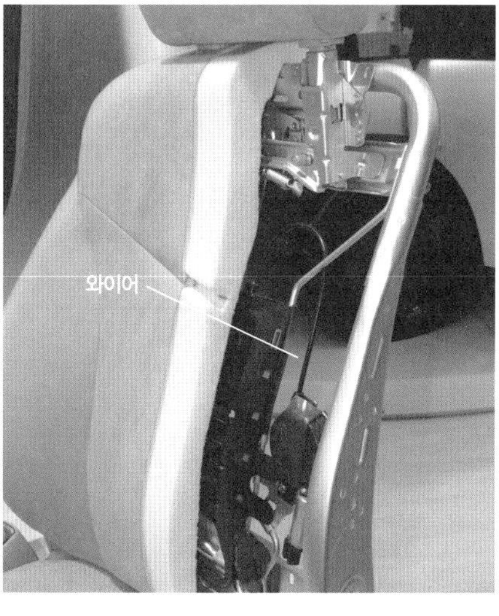

스펀지 뒤쪽에는 몸을 지탱하는 철판이 들어 있다. 강한 충격으로 몸이 눌리면 철판 뒤쪽에 있는 링크가 움직여 와이어를 당기고, 그 힘으로 헤드레스트를 움직인다. 고급차의 경우 후방 레이더가 추돌을 감지하면 충격을 받기 전에 액추에이터로 헤드레스트를 움직이는 지능형도 있다.

3-06 충격 흡수 보닛

보행자의 부상 확률을 낮춘다

에어백이나 안전벨트는 충돌 시에 탑승자를 보호하지만, 교통사고로 타격을 받는 사람은 차내의 탑승자만이 아니다. 탑승자뿐만 아니라 보행자의 부상도 줄여주는 안전장치가 요구되고 있다. 그래서 자동차 제조 회사들은 범퍼나 프런트 노즈의 모양을 구상할 때 공기 저항만을 고려하는 것이 아니라 보행자의 부상도 가벼워지도록 궁리하고 있다.

유럽연합의 충돌 안전 기준에서는 보닛과 엔진 사이에 일정 이상의 공간을 두도록 의무화하고 있다. 이 공간은 **충돌 시에 보닛이 변형되어 충격을 흡수하는 역할을 한다**. 그러나 보닛을 높이면 공기 역학의 측면에서는 성능이 떨어지기 때문에 이 기준을 충족하는 것은 그리 간단한 일이 아니다. 재규어가 스포츠카 'XK 시리즈'의 디자인을 결정할 때 보닛 밑의 공간을 확보해야 해서 보닛을 낮추지 못했다는 일화도 있다.

혼다와 닛산은 각각 **팝업 후드 시스템**과 **팝업 엔진 후드**라는 장비로 이 문제를 해결했다. 양사의 장비는 작동 방식이 똑같다. 주행 중인 차량의 범퍼에 내장된 충격 센서와 차속 센서가 '보행자와의 충돌'을 감지하면 액추에이터를 작동시켜 보닛의 뒤쪽 끝을 들어 올림으로써 엔진과 보닛의 공간을 넓혀 충격을 흡수하는 식이다.

이 장비 덕분에 평상시에는 보닛의 형태를 낮게 유지해 공기 저항을 줄이고, 충돌이 일어났을 때는 보행자의 부상을 가볍게 한다.

메르세데스 벤츠 S클래스의 능동형 보닛

그림 제공 : 다임러

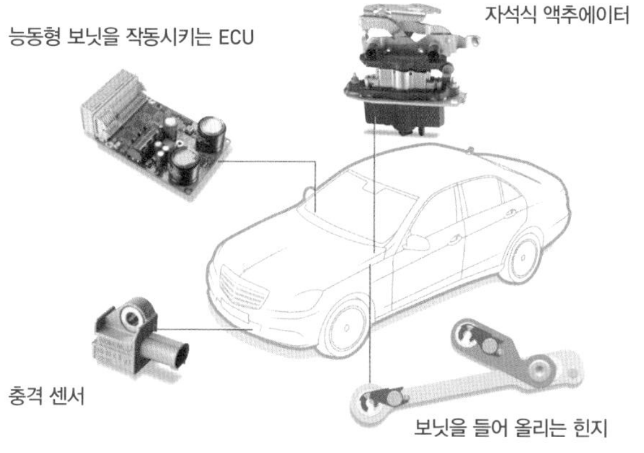

범퍼 안에 장착된 충격 센서가 충격을 감지하면 ECU가 전자식 액추에이터를 작동시켜 순간적으로 보닛의 뒤쪽 끝을 50밀리미터 들어 올린다. 능동형 보닛을 작동시키는 ECU는 에어백을 작동시키는 ECU와 통합 제어된다. 개폐 시에 보닛을 지탱하는 뒤쪽의 힌지는 통상적인 엔진 점검 등에도 대응할 수 있도록 역방향으로도 들어 올릴 수 있다.

팝업 후드 시스템

사진 제공 : 혼다기연공업

엔진 후드가 튀어 오른 모습. 이렇게 하면 보행자가 보닛에 부딪히더라도 최소한의 부상에 그친다.

팝업 엔진 후드의 효과

사진 제공 : 닛산 자동차

보행자와 자동차의 충돌 실험 모습이다. 보행자와 자동차가 충돌하면 보행자는 범퍼와 다리의 접촉점을 받침점으로 삼아 자동차 쪽으로 쓰러지듯이 부딪힌다. 이 사이에 보닛이 올라가 얇은 강판으로 머리에 가해지는 충격을 줄인다.

토막 상식 3

미래의 자동차는 공기 청소기가 된다?

현재 친환경 자동차로 인정받은 자동차는 배기가스 속의 유해 물질이 일본의 2005년도 배기가스 규제 기준치보다 75퍼센트나 적을 만큼 깨끗한 배기가스를 자랑한다. 가솔린 자동차는 현재도 대기 오염의 원인으로 간주되고 있으며, 앞으로도 배기가스 규제는 더욱 엄격해질 것이다. 그러나 가솔린 엔진을 이용하는 자동차는 이미 충분히 깨끗한 탈것이라고 할 수 있다. 이처럼 배기가스 기준이 엄격해지면 최종적으로는 대기보다 배기가스가 더 깨끗해질지도 모른다.

이런 현상은 이미 10여 년 전부터 시작되었다. 스웨덴의 사브라는 자동차 제조 회사는 터보차저를 이용해 엔진의 연소 효율을 높여서 도로가 정체 중인 도시의 대기보다 깨끗한 배기가스를 배출할 정도의 성능을 실현했다. 또한 최근 들어 도시 지역에서는 대기 오염으로 오존 농도가 상승하고 있는데, 역시 스웨덴의 자동차 제조 회사인 볼보는 라디에이터의 표면에 촉매 기능을 구현해서 주행 중에 오존을 분해하는 **스모그 이터**라는 기술을 자동차에 장착하고 있다.

엔진은 연료를 연소시키기 때문에 이산화탄소의 방출을 피할 수 없지만, 바이오매스 연료로 **탄소 중립**이산화탄소의 증감이 없는 상태을 실현한다면 거의 수증기만을 배출하는 깨끗한 동력이 되어 지속적으로 사용될 가능성도 부정할 수 없다.

CHAPTER 4

안전하고 빠르게 달리기 위한 첨단기술

High Technology of Cars

엔진이 만들어낸 동력을 지면에 전달하는 것이 구동계의 역할이다. 이 부분이 허술하면 아무리 엔진이 좋아도 의미가 없다. 이번 장에서는 변속기, 서스펜션, 댐퍼, 타이어 등에 이용되고 있는 기술을 소개한다.

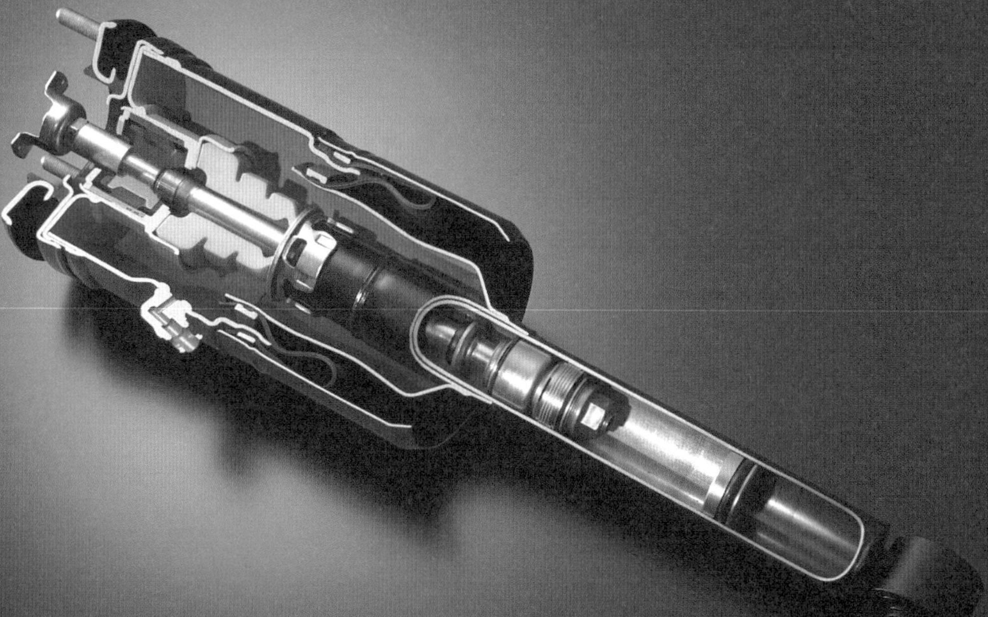

도요타 '크라운'에 채용된 에어 서스펜션 유닛. 공기 스프링의 우수한 성능과 가변 댐퍼 기구를 조합했다. 폭넓은 속도 영역과 탑승자 또는 적재량의 변화에 대응해 안정적인 주행과 쾌적한 승차감을 동시에 구현했다.

사진 제공 : 도요타 자동차

4-01 전자 제어식 10단 자동 변속기
부드러운 주행을 가능케 하다

자동차가 발진할 때는 무거운 차체를 가속시키기 위해 큰 힘이 필요하다. 그러나 일정 속도로 길 위를 순항할 때는 그다지 큰 힘이 필요하지 않다. 이런 복잡한 상황에 대응해 효율적인 주행을 실현하기 위한 장치가 **변속기**다.

일반적으로 변속기는 몇 가지 기어 조합을 바꿔서 변속한다. 발진 상황에서는 회전을 크게 감속시켜 큰 힘을 내도록 기어를 조합한다. 그리고 속도 상승에 맞춰서 감속비를 낮춰 엔진 회전수를 억제하면서 효율적으로 속도를 내기 쉬운 기어로 전환해간다.

원리는 자전거에 설치된 변속기와 완전히 똑같다. 변속 단계가 많을수록 폭넓은 속도 영역에서 효율적인 운전을 할 수 있다. 또한 변속기의 단계가 많아지면 각 기어의 변속비 차이가 줄어들므로 변속에 따른 충격이 적어 매끄럽고 쾌적한 주행을 할 수 있다.

전자 제어식 자동 변속기Automatic Transmission, AT가 나오면서 **각 기어 조합을 매우 세밀하게 제어하는 게 가능해졌다. 덕분에 매끄러운 변속을 실현하고 있다.** 현재는 10단 자동 변속기까지 등장했다. 고급차의 쾌적한 주행에는 엔진뿐만 아니라 변속기의 구조, 제어 방법 등도 큰 영향을 끼친다. 특히 배기량이 큰 차일수록 강력한 주행 성능을 유지하면서 에너지와 배기가스 배출량을 줄이는 일은 굉장히 어려운데, 변속기 성능의 진보는 이 같은 문제를 해결하는 데 크게 공헌하고 있다.

ZF사의 자동 변속기

그림 제공 : ZF Friedrichshafen AG

독일 ZF사의 자동 변속기. 록업 기구가 장착된 토크 컨버터와 유성 기어를 사용한 구조는 일반적인 자동 변속기의 공통점이지만, 이 변속기는 세 종류의 유성 기어를 사용함으로써 전진 8단과 후진 1단이 가능하다. 각각의 기어로 전환하는 다판 클러치는 전자식으로 제어되며 충격이 적은 매끄러운 변속을 실현한다.

도요타의 자동 변속기

사진 제공 : 도요타 자동차

도요타 '렉서스'가 채용한 자동 변속기도 ZF사의 자동 변속기와 기본적으로 같은 구조다. 유성 기어의 배치나 다판 클러치의 크기, 장수, 위치 등에 차이가 있는데, 이런 부분에서 변속 제어에 대한 엔지니어의 철학이 드러난다. 이것을 보면 다단 자동 변속기의 메커니즘이 얼마나 복잡하고 정밀한지 알 수 있을 것이다.

4-02 다이렉트 시프트 기어박스

0.04초의 고속 변속을 실현한 신세대 수동 변속기

오랫동안 변속기는 크게 두 종류로 나뉘어 왔다. 사람이 변속 작동을 전부 조작하는 수동 변속기Manual Transmission, MT와 동력의 단속과 변속을 자동으로 처리하는 자동 변속기다. 그런데 2004년에 폭스바겐은 변속기의 상식을 뒤엎었다. **다이렉트 시프트 기어박스**Direct Shift Gearbox, DSG라는 전에 없던 혁신적인 자동 변속 기구를 장착한 수동 변속기를 선보인 것이다.

그전에도 수동 변속기를 기반으로 클러치 조작이나 변속 조작을 자동화한 이른바 '자동화 수동 변속기'는 있었다. 그러나 클러치의 단속과 변속 조작에 따른 시간차 때문에 주행이 부자연스러워지는 등 완성도가 떨어져서 보급이 원활하지 않았다. 다이렉트 시프트 기어박스가 기존의 자동화 수동 변속기와 근본적으로 다른 점은 **2계통의 변속기와 클러치를 나란히 배치한 것**이다. 기존의 수동 변속기는 엔진의 구동력을 받아들이는 부분이 1계통, 변속을 해서 타이어에 구동력을 전달하는 부분도 1계통이다. 그러나 다이렉트 시프트 기어박스는 구동력을 받아들이는 부분이 홀수 기어와 짝수 기어의 2계통으로 나뉘어 있으며 각각 클러치를 갖추고 있다.

자동 변속기 모드의 경우 가속 중에 다음 기어가 준비되므로 클러치를 전환하는 것만으로 변속이 완료된다. 그 결과 최단 0.04초라는 고속 변속이 가능하다. 구동력이 단절되지 않으므로 손실이 적을 뿐만 아니라 변속도 매끄럽다.

다이렉트 시프트 기어박스의 구조

그림 제공 : 아우디

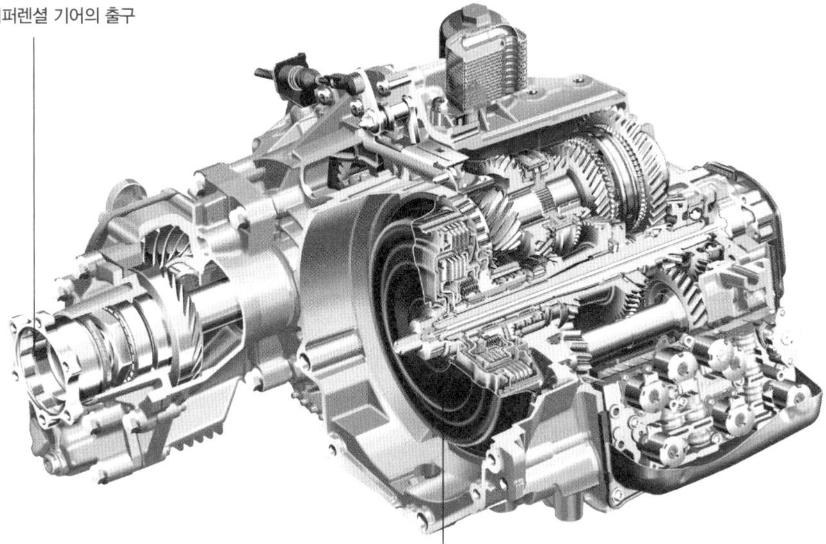

디퍼렌셜 기어의 출구에는 구동축이 접속되어서 타이어에 구동력을 전달한다. 기어 부분의 구조는 수동 변속기와 같으며, 변속을 자동화했지만 클러치를 이중으로 만들고 병렬로 기어를 준비한 것이 특징이다. 폭스바겐 산하의 자동차 회사 아우디는 다이렉트 시프트 기어박스를 폭스바겐과 공동으로 개발해 현재 'S트로닉'이라는 명칭으로 탑재하고 있다.

다이렉트 시프트 기어박스의 작동

그림 제공 : 아우디

1단

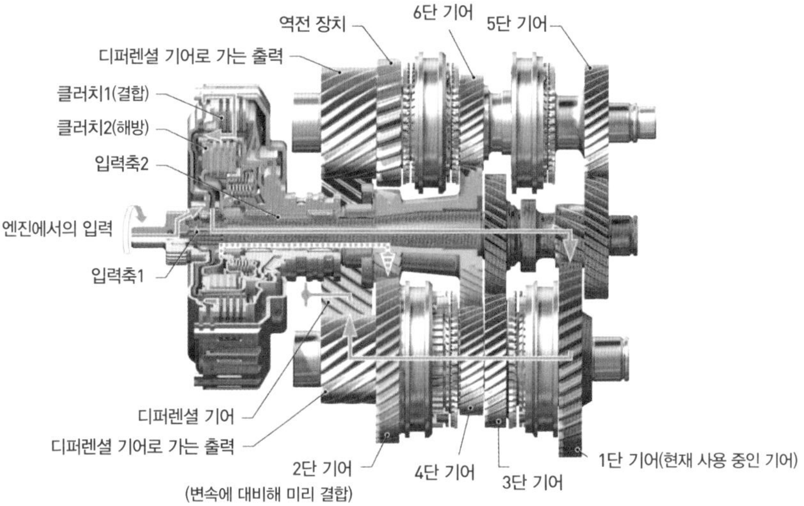

1단으로 주행하고 있을 때는 빨간색 경로로 동력이 전달된다. 가속 중에는 녹색 경로가 클러치가 끊어진 상태에서 2단 기어로 연결되어 대기한다. 기어를 바꿀 때 클러치의 절단과 접속을 동시에 하므로 구동력이 끊어지지 않은 상태에서 빠르고 매끄러운 변속이 가능하다.

2단

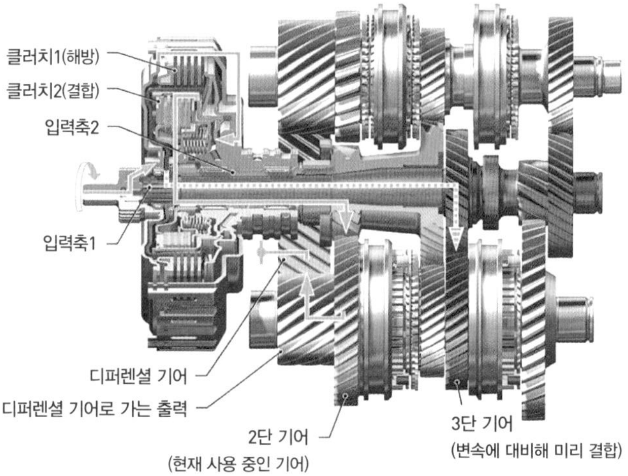

기어를 2단으로 유지하고 있을 때, 가속 중이라면 3단을 대기시키고 감속 중이라면 1단을 대기시킨다. 2열의 기어는 엇갈리게 배치되어 있지 않다. 4단과 6단처럼 입력축의 길이를 바꾸며 같은 열의 기어를 병행 이용하는 부분도 있다. 또 1단부터 4단까지는 같은 출력축에서 동력을 받아 디퍼렌셜 기어에 전달한다.

포르쉐 도펠크플룽의 구조

그림 제공 : ZF Friedrichshafen AG

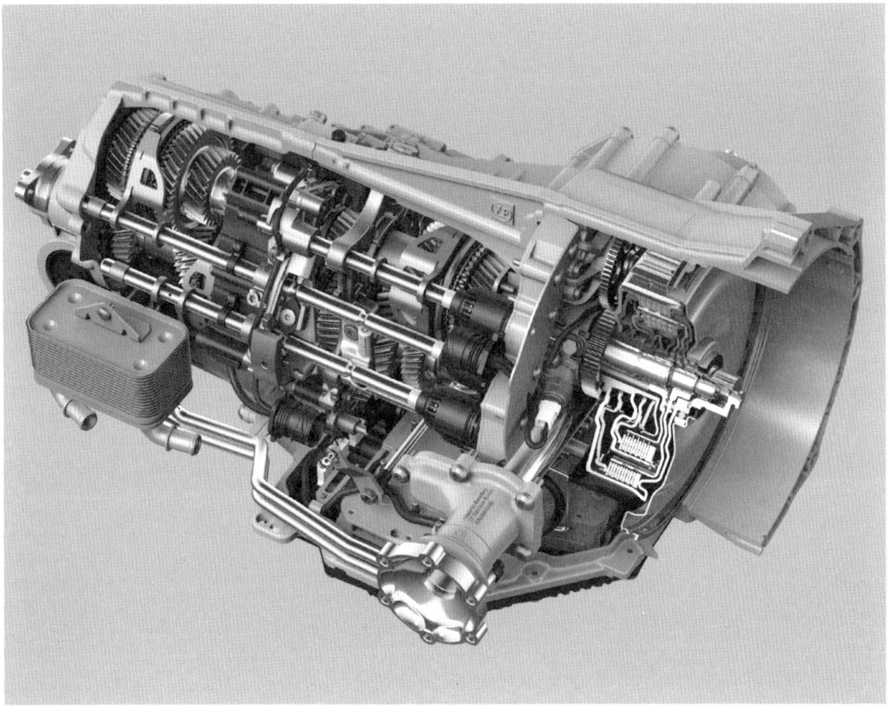

포르쉐 도펠크플룽(PDK)은 포르쉐가 ZF사와 공동 개발한 변속기다. 단면도를 보면 다이렉트 시프트 기어박스에 가까운 시스템임을 알 수 있다. 포르쉐 도펠크플룽은 세로형 변속기여서 출력축이 다이렉트 시프트 기어박스처럼 2열이 아닌 1열이다. 이중 구조 입력축의 길이를 바꾸며 각각의 기어를 사용한다는 발상은 같다.

4-03 무단 변속기(CVT)

금속 벨트와 풀리를 이용해 변속한다

변속기의 다단화는 구동력 전달의 효율을 높이는 데 효과적이다. 그러나 구조가 복잡해져 가격이 상승하고 중량도 늘어난다는 문제가 있다. 그런 문제점을 해결하고자 고안된 것이 **무단 변속기**Continuously Variable Transmission, CVT다. 무단 변속기는 '풀리벨트에 회전을 전달하는 도르래' 두 개에 금속제 벨트를 연결하고 두 풀리의 폭을 바꿈으로써 변속비를 유연하게 바꾼다.

이 구조는 오래전부터 오토바이에 사용되고 있었고 자동차에 처음으로 탑재된 시기도 약 20년 전이므로 새로운 메커니즘이라고는 할 수 없다. 그러나 2000년대에 들어서면서 점점 주목을 받았고 오토바이가 아닌 소형차를 중심으로 채용률이 높아지고 있다.

무단 변속기의 특징은 **매끄러운 변속과 폭넓은 변속비**다. 두 풀리가 벨트로 연결되어 있기 때문에 변속 중에도 구동력이 단절되지 않는다. 그러므로 가속 중에 변속 충격이 전혀 없다. 또 두 풀리가 각각 벨트를 무는 반경을 바꾸므로 기존의 자동 변속기나 수동 변속기에 비해 변속비가 매우 폭넓다. 그래서 엔진 배기량이 작아도 무단 변속기가 부족한 힘을 보완해줘서 저연비를 실현할 수 있는 것이다.

무단 변속기는 구조상 풀리와 풀리 사이에 공간이 필요하기 때문에 오랫동안 가로 배치 무단 변속기로서 FF 방식의 소형차에 적합하다고 생각되어 왔다. 하지만 벨트의 구성과 무단 변속기 전체 구조를 다시 만든 세로 배치 무단 변속기도 등장했다.

닛산의 무단 변속기(단면 모델)

사진 제공 : 닛산 자동차

자동 변속기와 마찬가지로 토크 컨버터를 사용하는 이유는 발진할 때의 토크를 증폭해 발진을 원활히 할 수 있다는 점 때문이다. 금속 벨트는 큰 힘을 전달하기 위해 강하게 만들어져 있다. 금속 벨트를 끼운 풀리의 폭을 바꿔서 벨트가 돌아가는 위치를 바꿀 수 있다. 이에 따라 변속비가 결정되므로 서서히 풀리의 폭을 바꿔 나가면 매끄러운 변속이 가능하다.

후지 중공업의 무단 변속기

그림 제공 : 후지 중공업

후지 중공업은 지금까지 기술적으로 구현이 어려웠던 세로 배치 무단 변속기를 만들었다. 그 핵심은 광폭 금속 체인을 사용한 벨트 부분이다.

도요타의 자동 무단 변속기

사진 제공 : 도요타 자동차

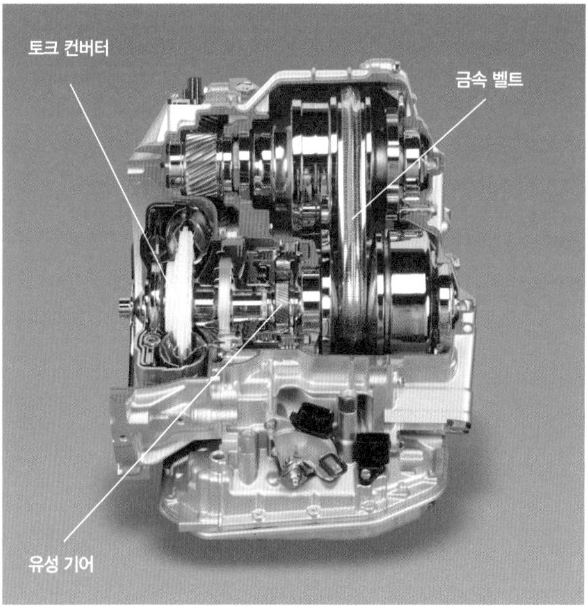

록업 기구가 장착된 토크 컨버터와 풀리 사이에 유성 기어가 있다. 이에 따라 후진 기어를 선택했을 때 역회전이 가능하다. 그리고 감속 기어로서 무단 변속기와 조합해 풀리 지름을 작게 만들었다.

후지 중공업의 무단 변속기(체인 부분)

사진 제공 : 후지 중공업

금속 체인을 사용한 벨트 부분. 금속판을 겹치는 방식이 아니라 핀으로 연결한 체인을 사용했다. 이 덕분에 좀 더 유연한 구조를 갖출 수 있었고, 지름이 작은 풀리에도 대응할 수 있다.

4-04 SH-AWD

주행 상태에 맞춰 구동력을 자유자재로 제어한다

'전륜구동All Wheel Drive, AWD'은 엔진의 구동력을 앞뒤 타이어 전부에 전달한다. 그래서 'FF'나 'FRFront engine Rear wheel drive' 같은 '이륜구동2WD'보다 구동력을 확실히 노면에 전달할 수 있기 때문에 안정성이 우수하다. 전륜구동의 높은 안정성을 더욱 활용코자 하는 것이 혼다의 고급 세단 '레전드'에 채용된 SH-AWDSuper Handling-All Wheel Drive라는 메커니즘이다.

SH-AWD는 타이어가 노면을 차는 힘인 '구동력'을 이용해 선회 능력을 높인다. 자동차가 오른쪽으로 선회할 때 커브의 바깥쪽인 왼쪽 뒷바퀴의 구동력을 높여서 커브를 잘 돌게 한다. 왼쪽으로 선회할 때는 반대로 오른쪽 뒷바퀴의 구동력을 높인다. 좌우 뒷바퀴의 구동력은 100:0에서 0:100까지 자유롭게 변경할 수 있다. 이것을 가능케 하는 것은 자동차 뒤편의 좌우에 있는 전자 클러치다. 선회할 때는 바깥쪽 뒷바퀴에 힘을 전달하는 전자 클러치를 강하게 연결해 구동력을 일으키는 것이다.

SH-AWD는 좌우 뒷바퀴의 구동력뿐만 아니라 전후의 구동력도 주행 상황에 맞춰 70:30부터 30:70까지 바꿀 수 있다. 발진할 때나 직진 상태로 가속할 때는 자동차의 무게중심이 뒤쪽으로 이동하므로 뒷바퀴의 구동력을 높여 '바닥을 움켜쥐는 힘'을 크게 얻는다. 한편 일정한 속도로 순항할 때는 앞바퀴의 구동력을 키워서 직진 안정성을 높인다. 또 미끄러운 노면에서는 뒷바퀴의 구동력을 높여 안정시킨다. 그리고 후방 타이어가 미끄러졌을 경우는 순간적으로 앞바퀴의 구동력을 높여 자동차를 확실히 전진시킨다.

SH-AWD 구조도

그림 · 사진 제공 : 혼다기연공업

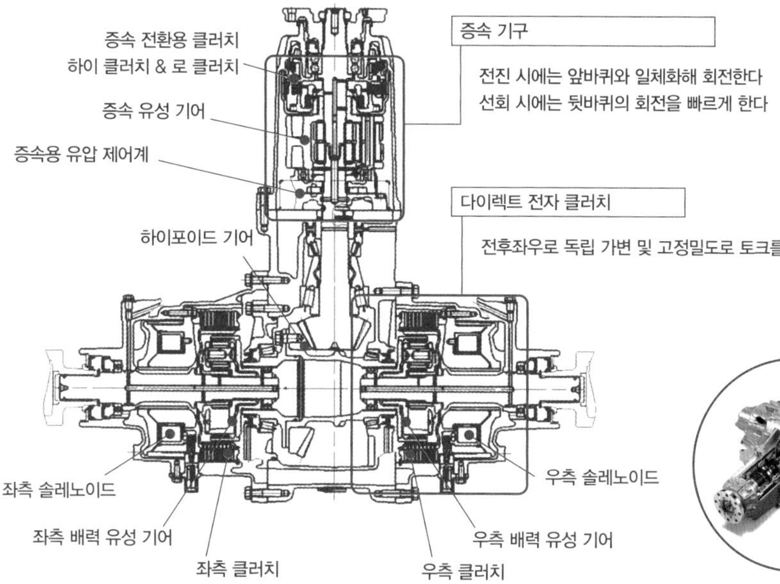

스티어링의 조타각이나 횡G센서의 정보를 통해 차가 코너를 돌고 있다고 판단하면 프로펠러축을 통해 뒷바퀴로 전달되는 구동력을 키워 뒷바퀴의 회전이 앞바퀴보다 빨라지게 한다. 또한 횡G센서 등으로 코너링의 정도를 판단하면서 다이렉트 전자 클러치를 제어해 구동력을 좌우로 분배한다.

제어 시스템의 배치

그림 제공 : 혼다기연공업

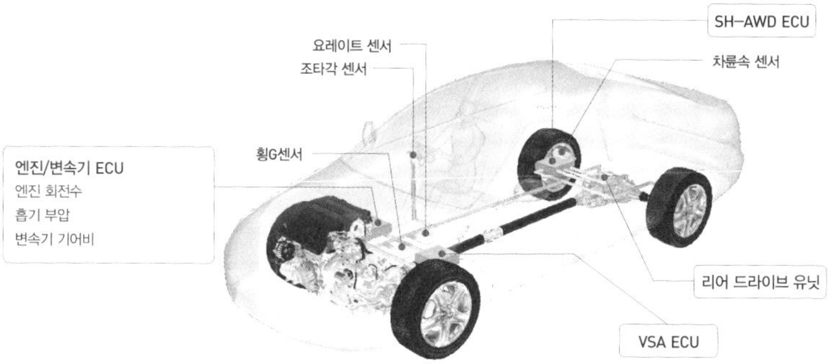

조타각 센서, 횡G센서, 전후G센서, 요레이트 센서, 차륜속 센서 등의 정보를 바탕으로 각 ECU(엔진/변속기 ECU, VSA ECU, SH-AWD ECU)가 최적의 구동력 분배를 계산한다.

4-05 E-Four, e·4WD 시스템

필요할 때만 뒷바퀴를 모터로 구동한다

AWD라는 구동 방식은 엔진의 구동력을 모든 바퀴에 전달함으로써 미끄러운 노면이나 울퉁불퉁한 노면에서도 확실히 구동력을 지면에 전달할 수 있다. 그러나 기존의 AWD는 구동력을 앞뒤 바퀴에 분배하기 위해 복잡한 기구가 필요했다. 그래서 2WD 자동차에 비해 중량이 무거웠다.

그런데 FF의 섀시가 바탕인 하이브리드 자동차를 중심으로 새로운 AWD 시스템이 보급되기 시작했다. 주력 구동륜은 엔진으로 구동하고 미끄러운 노면을 달리거나 가속을 할 때는 보조적으로 뒷바퀴를 구동하는 방법이다. 예를 들어 도요타의 고급 SUV인 '해리어 하이브리드'의 **E-Four**는 평상시에 엔진이 앞바퀴를 구동하지만 미끄러운 노면을 달릴 때나 가속을 할 때, 전기 자동차 모드로 주행할 때는 앞뒤에 탑재된 모터가 협력해 뒷바퀴를 구동시킨다. 필요에 따라 AWD로 전환하는 것이다.

닛산이 한랭지용 자동차를 위해 개발한 **e·4WD 시스템**도 같은 방식이다. e·4WD 시스템은 주로 결빙 탓에 마찰 계수가 낮은 도로에서 주행 성능을 향상시키기 위한 시스템인데, 기본의 AWD보다 연비 성능도 우수하다. 구동용 배터리를 탑재하고 있지 않기 때문에 하이브리드 자동차라고는 부르지 않지만 병렬식의 간이 버전이라고도 생각할 수 있다.

이러한 시스템은 엔진의 구동력을 프로펠러축을 통해 뒷바퀴까지 전달할 필요가 없는 모터를 사용하므로 효율적인 AWD를 실현한다.

도요타 E-Four의 구조

그림 제공 : 도요타 자동차

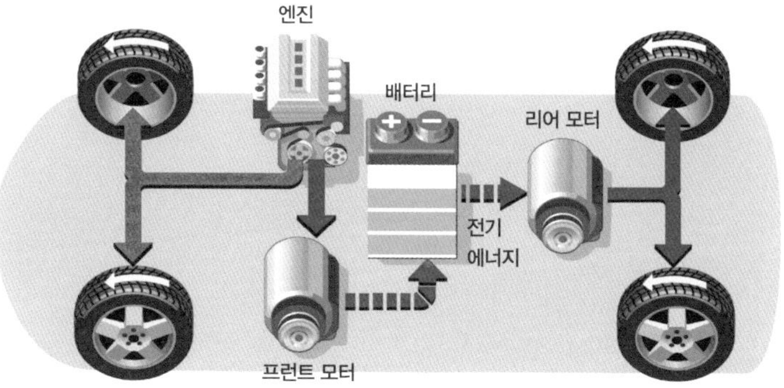

일반 주행 시
: 앞바퀴로 가는 구동력의 흐름

미끄러운 노면에서 4WD로 전환 시
: 뒷바퀴로 가는 구동력의 흐름

평상시에는 엔진이 앞바퀴만을 구동한다. 미끄러운 노면에서는 엔진이 프런트 모터를 돌리고, 프런트 모터는 배터리에 전기를 모은다. 그리고 리어 모터가 그 전기를 사용해 뒷바퀴를 돌린다. 참고로 무거운 미니밴이나 SUV의 경우 강력한 가속력을 요구하기 때문에 엔진과 모터 양쪽이 구동력을 발휘한다. 반대로 모터만으로 구동하는 전기 자동차 모드도 있어서 폭넓은 조건에 대응할 수 있다.

모터의 단면

사진 제공 : 도요타 자동차

'E-Four'의 모터 유닛. 이 작은 장치만으로 좌우의 뒷바퀴를 구동한다.

4-06 에어 서스펜션

차고도 자유자재로 조정하는 공기 스프링

자동차의 서스펜션은 주행 중의 충격이나 진동을 흡수해 승차감을 향상한다. 또 타이어를 노면에 밀착시켜 바닥을 움켜쥐는 힘을 이끌어낸다. 이런 서스펜션의 상하 운동을 지탱하고 진동을 흡수하는 것은 스프링과 댐퍼의 역할이다. 일반적으로 금속 스프링을 사용하는데, 고급차의 경우 공기를 스프링으로 이용하는 **에어 서스펜션**을 채용하는 차종이 늘어나고 있다.

공기는 기체이므로 마찰 같은 저항이 없고 압축을 이용해 급격하게 반발력을 높일 수 있기 때문에 작은 움직임에는 부드럽게, 깊이 가라앉았을 때는 단단하게 버티는 이상적인 특성이 있다.

에어 서스펜션은 원래 코일 스프링이 장착되는 스트럿에 고무 에어백을 달고 그곳에 공기를 채워서 스프링으로 활용한다. 또한 컴프레서를 조합해 ECU로 제어하면 자동차의 높이를 변화시킬 수도 있다. 탑승자나 적재량이 많을 때는 자동차가 가라앉아 승차감과 안정성이 떨어진다. 그럴 때 공기량을 늘려서 차고를 높이는 동시에 자동차의 자세를 바로잡아 주행이 불안정해지는 일을 막는다.

또한 고속도로를 달릴 때처럼 차량이 크게 흔들릴 일이 없다면 공기를 조금 빼서 차고를 낮춰 주행 안정성을 높이고 공기 저항을 줄인다. 이렇게 다양한 상황에 대응할 수 있는 에어 서스펜션은 뒤에서 소개할 가변 댐퍼와 조합하면 더욱 쾌적하고 안전한 주행을 구현할 수 있다.

렉서스 LS의 에어 서스펜션 구조

사진 제공 : 도요타 자동차

에어 서스펜션의 구조는 금속제 코일 스프링을 사용한 일반 서스펜션과 차이가 없다. 에어 서스펜션에는 차고를 검출하는 센서나 공기를 넣고 빼는 밸브, 압축 공기를 보내는 컴프레서 등을 탑재하며 이것을 제어하는 ECU도 함께 설치한다.

메르세데스 벤츠 'S클래스'의 에어 서스펜션

사진 제공 : 다임러

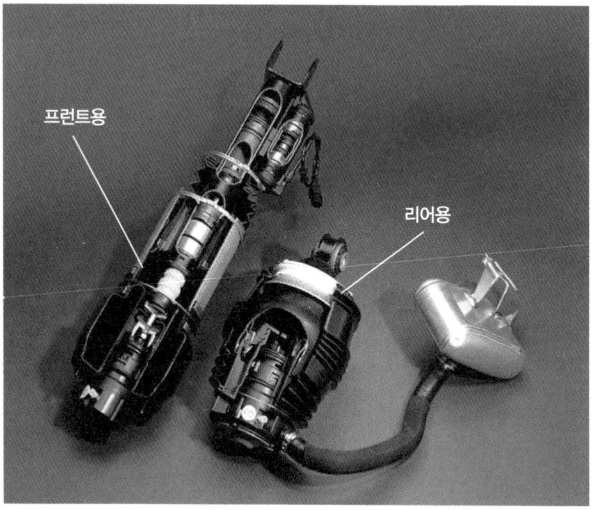

긴 쪽이 프런트 서스펜션용 댐퍼와 에어백이며, 짧은 쪽이 리어용이다. 에어 스프링 부분은 고무주머니로 되어 있어서 서스펜션의 상하 운동을 흡수하고 공기의 탄력성을 유지한다. 댐퍼는 감쇠력 가변식으로서 에어 스프링의 폭넓은 특성에 대응하며, 쾌적한 주행과 안정감 높은 주행, 시가지 주행과 고속도로 주행 등 상황에 맞춰 유연하게 작동한다.

4-07 전자 제어식 감쇠력 가변 댐퍼

승차감과 주행성의 균형을 자유롭게 조정한다

댐퍼는 자동차를 안정시켜서 승차감을 쾌적하게 하는 동시에 주행 성능을 높이는 서스펜션의 핵심이다. 서스펜션의 구성 부품 중에서 자동차를 지탱하는 것은 스프링이다. 그러나 승차감과 안정성을 좌우하는 것은 댐퍼의 성능, 즉 격렬하게 늘어나고 줄어드는 스프링의 움직임을 진정시키는 감쇠력의 역할이 크다.

느긋하게 달릴 때는 편안한 승차감을 기대하지만, 고속도로나 산길 등을 달릴 때는 높은 안정감을 요구한다. 그러므로 주행 상황이나 탑승자의 취향에 맞춰 댐퍼의 감쇠력을 변화시킨다면 폭넓은 주행 성능을 실현할 수 있다.

전자 제어로 댐퍼의 감쇠력을 조절하는 시스템은 예전부터 있었다. 댐퍼의 감쇠력을 발생시키는 밸브 부분에 조정 기구를 설치하고 전자식 밸브로 그것을 전환시켜 주행 중에 감쇠력을 바꾸는 시스템이다. 게다가 운전자가 상황에 맞춰 스위치를 조작해 특성을 선택할 수 있을 뿐만 아니라 자동차가 자동으로 차체의 자세나 움직임을 감지하고 전후좌우의 댐퍼를 적절히 선택해 감쇠력을 높임으로써 자세를 안정시키는 것도 있다.

이렇게 하면 평상시에는 쾌적한 승차감을 유지하면서 급제동을 할 때나 커브가 연속되는 도로 등을 달릴 때는 자동으로 안정성을 높여준다. 고급차가 쾌적한 승차감과 높은 주행 안정성을 확보하고 있는 데는 전자 제어식 가변 댐퍼의 힘이 크다.

감쇠력 가변식 댐퍼의 단면도

그림 제공 : 다임러

이중 구조의 통 안쪽에는 위아래로 움직이는 피스톤 로드가 들어 있다. 피스톤 로드가 위아래로 움직일 때 발생하는 저항이 차체를 안정시키는 감쇠력을 만들어낸다. 이 감쇠력 가변식 댐퍼는 오일이 빠져나가는 이중 구조의 바깥쪽 통 부분에 가변식으로 유량을 조절하는 밸브를 설치해 감쇠력을 변화시킨다.

에어 서스펜션용 댐퍼의 단면도

사진 제공 : ZF Friedrichshafen AG

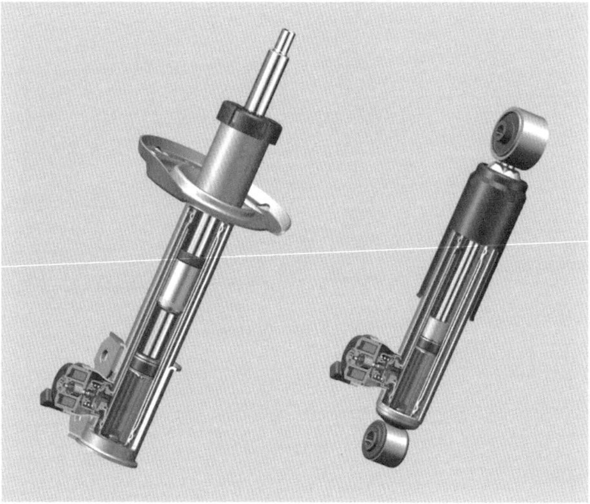

스프링에 금속 스프링 대신 공기 스프링을 사용한 에어 서스펜션은 진동 흡수성이 우수하다. 그러나 안정성을 높이기 위해서는 에어 서스펜션에도 댐퍼가 필요하다. 현재 댐퍼는 일반적으로 에어 서스펜션의 폭넓은 특성에 대응하기 위해 감쇠력 가변식을 채용하고 있다. 가변 댐퍼의 구조는 코일 스프링을 사용한 서스펜션과 동일하다.

4-08 감쇠력 가변 댐퍼

자성체를 제어하려면 고도의 기술이 필요하다

댐퍼의 감쇠력은 오일이 밸브에 뚫려 있는 구멍을 통과할 때 생기는 저항에서 나온다. 따라서 감쇠력을 변화시키는 일반적인 방식은 다양한 기구로 피스톤의 구멍 크기를 바꾸는 것이다. 그런데 전혀 다른 발상으로 감쇠력을 조정하는 시스템도 있다. 댐퍼 안에 있는 오일의 특성을 바꿔서 감쇠력을 변화시키는 것이다.

여기에서 핵심은 댐퍼 오일에 **자성체**磁性體를 섞어놓는 것이다. 이러면 평소에 일반적인 크기의 감쇠력이 발생하지만 댐퍼에 전자력을 발생시키면 자기장에 맞춰 오일 속의 자성체가 정렬함으로써 유동 저항이 늘어난다. 자력의 강도에 따라 정렬하는 자성체의 양도 바뀌기 때문에 감쇠력의 강도를 조정할 수 있는 것이다. 이 같은 방식의 감쇠력 가변 댐퍼는 미국의 부품 제조 회사인 델파이가 개발했으며, 제너럴모터스 외에 독일의 아우디도 '아우디 마그네틱 라이드'라는 명칭으로 채용했다.

기존 댐퍼의 구조에 오일과 전자석을 추가해 감쇠력 가변 댐퍼로 활용하는 것은 단순하면서도 대담한, 그야말로 획기적인 아이디어라고 할 수 있다. 그러나 섬세한 자성체가 오일 속을 계속 균일하게 떠다니도록 만들거나 자력을 조정해 감쇠력을 제어하는 것은 쉬운 일이 아닌 모양이다. 그래서 고성능 마이크로컴퓨터를 제어에 사용하고, 자동차의 자세 변화에 따라 1,000분의 1초 간격으로 반응하며 감쇠력을 재설정한다. 이런 아이디어와 기술의 융합이 자동차 기술에 신뢰성을 높이고 비용도 줄일 수 있는 획기적인 시스템을 탄생시키고 있다.

아우디 마그네틱 라이드

그림 제공 : 아우디

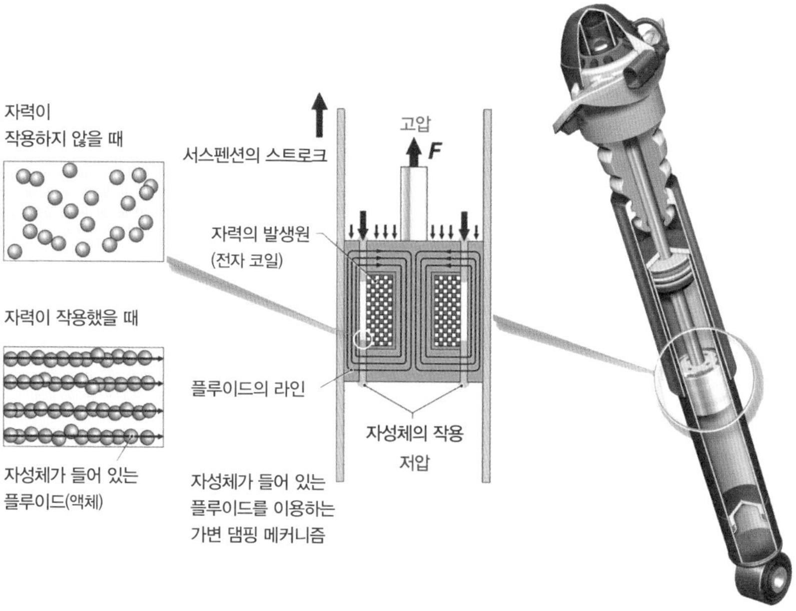

댐퍼 내부에 있는 피스톤에는 자성 코일이 있다. 피스톤에 연결되어 있는 이너 로드를 통해 전류를 흘려보내서 자력을 발생시키면 댐퍼 오일에 섞여 있는 자성체가 반응해 연결된다. 그러면 댐퍼 오일이 피스톤을 통과할 때의 저항이 커진다. 전자 코일에 흐르는 전류의 강도를 바꾸면 감쇠력을 자유자재로 조정할 수 있다. 급선회나 급제동 등의 움직임을 감지하거나 운전자의 지시가 있으면 ECU가 감쇠력을 조정한다.

4-09 인휠 모터

운동 성능의 향상과 넓은 실내를 실현할 수 있다

일반적으로 전기 자동차는 엔진 대신 커다란 모터 하나로 좌우 구동륜을 돌린다. 그러나 모터의 수를 늘려 효율을 높이자는 발상도 있다. 모터와 구동륜을 연결하는 구동계를 탑재하지 않고 구동륜을 직접 모터로 구동하는 것이다. 이 아이디어의 구체적인 실현이 **인휠 모터**in-wheel motor 다. 인휠 모터는 구동륜 자체에 모터를 내장하는데, 사실 이 구조는 전기 자동차가 등장한 초기부터 존재했다.

인휠 모터는 각각의 구동륜을 직접 제어하기 때문에 **고도의 운동 성능**을 실현할 수 있다. 또 구동계 부품이 필요 없기 때문에 실내를 넓힐 수 있고 무게가 줄어드는 경우도 있다. 구동 손실이 없고 구동력을 전달하기 위한 부품도 필요가 없으므로 모터 한 개로 두 개의 휠을 구동하는 전기 자동차보다 두 배 정도 효율이 높아진다고 주장하는 엔지니어와 연구자도 있다.

다만 단점도 있다. 현재 전기 자동차는 대부분 차중이 무거워서 커다란 제동력이 필요하다. 이 때문에 휠의 안쪽에 커다란 디스크 브레이크를 장비하고 있다. 그런 까닭에 모터를 휠의 안쪽에 부착하는 것이 쉽지가 않다. 설령 부착했더라도 모터의 중량 때문에 자동차의 운동 성능에 커다란 영향을 끼치는 **스프링 밑**서스펜션에 의해 가동되는 부분 **중량**이 증가한다. 그 밖에 방수와 방진 대책, 고도의 제어계가 필요하다는 과제도 있다.

미쓰비시 '랜서 MIEV'

사진 제공 : 미쓰비시 자동차

인휠 모터를 탑재한 미쓰비시의 실험 차량 '랜서 MIEV'. 고성능의 4도어 스포츠 세단 전기 자동차로 계획된 모델이다. 휠을 벗기면 브레이크를 바깥쪽에서 뒤덮고 있는 대형 로터가 나타난다. 네 바퀴에 각각 모터를 장착함으로써 각 바퀴의 구동력을 조정할 수 있기 때문에 자동차의 자세 제어가 용이해 주행 안정성이 향상된다.

인휠 모터

사진 제공 : 미쓰비시 자동차

미쓰비시가 개발하고 있는 인휠 모터. 허브 쪽에 소형 모터 유닛을 탑재하는 발전형으로, 브레이크와 서스펜션의 배치에 자유도가 높아졌다.

닛산의 콘셉트 카 'PIVO2'

사진 제공 : 닛산 자동차

'PIVO2'는 인휠 3D 모터와 리튬이온 배터리를 사용한 고효율 전기 자동차다. 실내 공간이 360도 회전 가능하며 타이어의 방향을 바꿔 측면으로도 주행할 수 있는 '메타모 시스템'을 통해 평행 주차도 직진과 같은 감각으로 할 수 있다. 이 모델은 PIVO3까지 개발되어 있다.

4-10 런플랫 타이어

펑크가 나도 시속 100킬로미터 이상으로 달릴 수 있다

타이어가 펑크 나면 승차감이 나빠질 뿐만 아니라 파열된 타이어가 휠에서 벗겨질 수도 있어서 매우 위험하다. 또 스페어타이어 교환 작업을 하다가 후속 차량에 치이는 2차 사고도 끊이지 않고 있다. 그래서 1980년대 전반에 등장한 것이 펑크가 나도 계속 달릴 수 있는 **런플랫 타이어**run-flat tire다. 런플렛 타이어는 시속 80킬로미터로 80킬로미터를 주행할 수 있어야 한다.

원래 런플랫 타이어는 몸이 불편한 사람이 혼자서 차를 몰고 가다 펑크가 나더라도 곤란하지 않도록 개발된 것이었는데, 점차 펑크에 잘 견디는 타이어를 원하는 사람들이 늘어나면서 조금씩 보급되고 있다. 초기의 런플랫 타이어는 사이드월에 충분한 강도를 부여하는 동시에 공기가 빠진 상태에서도 휠의 림에서 타이어가 빠지지 않도록 만들었다. 그러나 이 방식은 타이어가 무겁고 딱딱해져 승차감이 크게 나빠진다. 그래서 휠 안쪽에 부품을 달아 타이어가 찌그러져도 안쪽에서 지탱함으로써 계속 달릴 수 있게 만든 제품도 등장했다.

현재 주류는 사이드월을 보강한 제3세대라고 할 수 있다. 타이어 제조 회사들은 펑크가 났을 때 타이어의 굴곡에서 발생하는 발열을 억제하는 방식, 이 발열을 이용해 변형을 억제하는 방식, 주행 시의 바람으로 외부에서 타이어를 식히는 방식 등 다양한 아이디어의 런플랫 타이어를 판매하고 있다. 또한 런플랫 타이어를 사용하면 펑크나 공기압의 저하를 알아채기가 어려워지기 때문에 타이어 공기압 경보 시스템과 조합해서 이용한다.

브리지스톤의 런플랫 타이어의 구조도

그림 제공 : 브리지스톤

타이어 제조 회사에 따라 약간 차이는 있지만, '스틸 벨트'(붉은색)로 '플라이'(금색)를 보강하는 것은 런플랫 타이어의 기본 구조다. 타이어의 가장 안쪽에 있는 초승달 모양의 고무 띠가 '측면 보강 고무'로, 펑크가 나서 공기가 빠지면 이것이 타이어의 변형을 억제해 자동차를 지탱한다. 최신 런플랫 타이어의 측면 보강 고무는 전보다 발열을 억제할 수 있는 분자 구조로 되어 있으며, 일부러 사이드월에 굴곡을 줘서 주행풍을 맞게 한다. 일정 온도 이상 발열되지 않도록 억제하는 것이다.

런플랫 타이어가 변형을 억제하는 원리

사진 제공 : 브리지스톤

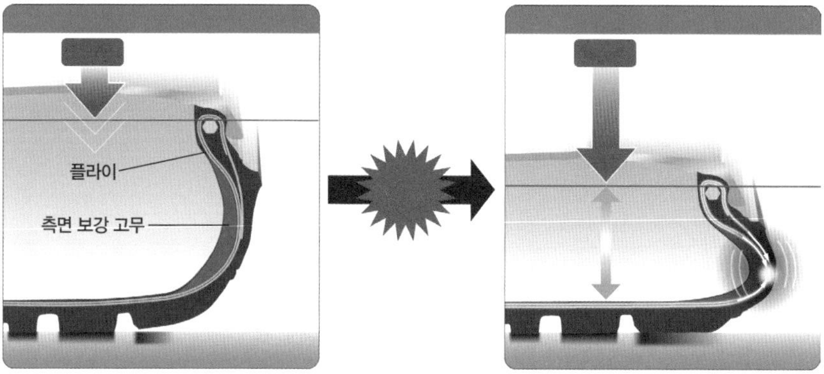

펑크가 나서 타이어가 찌그러지면 측면의 플라이(골격)가 굽으면서 열을 내는데, 최신 런플랫 타이어는 플라이가 열수축해 더욱 강인해지면서 측면 변형을 억제한다(찌그러짐을 줄인다). 이것은 최첨단 섬유 기술을 응용한 것이다.

4-11 스터드리스 타이어

스파이크 없이 접지력을 유지하다

현재 눈길용 타이어로 사용되고 있는 **스터드리스 타이어**studless tire는 말 그대로 스파이크가 없는 타이어를 말한다. 이 덕분에 스파이크로 도로를 손상시키는 일이 없다. 그러나 타이어가 눈길이나 빙판길에서 스파이크 없이 접지력을 높이는 일은 말처럼 쉽지가 않다. 타이어 제조 회사들은 이 문제를 해결하기 위해 다양한 아이디어를 짜내고 있다. 스터드리스 타이어가 눈길이나 빙판길에서 접지력을 발생시키는 메커니즘에는 크게 다음 세 가지 요소가 있다.

① **트레드 패턴의 모양**

② **고무 소재**

③ **고무 소재 이외의 소재 이용**

트레드 패턴의 경우, 커다란 블록 사이의 홈으로 눈을 밟아 다지고 블록에 새겨진 사이프sipe, 가는 홈로 수분을 흡수하는 동시에 사이프가 만들어내는 고무의 모서리가 얼어붙은 노면을 긁어서 접지력을 발휘한다.

고무 소재의 경우, 저온에서 딱딱해지지 않고 고온에도 견딜 수 있도록 천연 고무에 몇 가지 합성 고무 소재를 조합한다.

또 고무 이외의 소재를 고무에 배합해 사용하는데, 모두 접지력을 높이기 위한 것이다. 기포, 호두 껍데기, 유리 섬유 등 타이어 제조 회사에 따라 다양한 소재를 사용하고 있다.

매년 제조 회사들은 스터드리스 타이어의 성능을 혁신하고 있다. 눈길 위에서의 주파성走破性은 물론이고 일반 포장도로에서의 주행 안정성도 향상하기 위해 노력 중이다.

전자 현미경으로 촬영한 스터드리스 타이어의 표면

그림 제공 : 브리지스톤

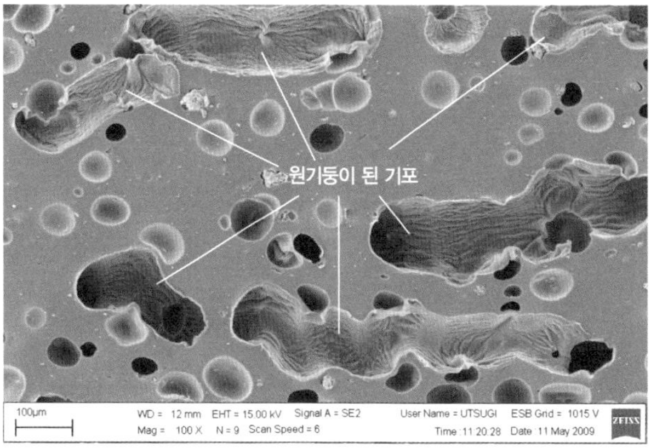

브리지스톤의 스터드리스 타이어 '블리작 REVO GZ'에 채용된 발포 고무 '레보 발포 고무 GZ'의 확대 사진. 이 발포 고무는 단순한 기포(원형)가 아니라 길쭉한 원기둥 모양의 수로다. 이 독특한 모양 덕분에 빙결 노면이나 얼음 표면에 발생하는 수막의 수분을 흡수하고 접지력을 발휘한다.

사이프(홈)의 구조

그림 제공 : 브리지스톤

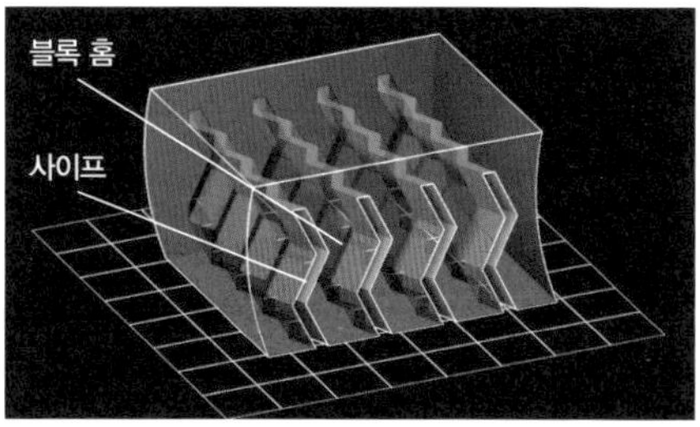

스터드리스 타이어의 각 블록에는 '사이프'가 있다. 이 사이프가 모세관 작용을 통해 수막을 흡수하고 노면에 접촉할 때 고무의 모서리를 늘려 접지력을 높인다. 그러나 유연한 블록은 포장도로에서 요동을 쳐 안정성을 해친다. 사이프 때문에 블록이 일정 수준 이상 쓰러지는 것을 방지하기 위해 사이프를 타이어의 안쪽을 향해 지그재그로 새김으로써 '블록 홈'이라는 블록을 지탱하는 기둥 같은 것을 만들어 강성을 확보한다.

트레드 디자인 기술

그림 제공 : 브리지스톤

안쪽
눈길에서 구동력을 높이기 위해 '러그(가로홈)'를 늘렸다

숄더 부분
양쪽 측면의 모서리에 있는 블록은 사이프를 많이 새겨서 제동력과 배수성을 높였다

바깥쪽
바깥쪽의 블록은 대형으로 만들어 선회 시의 블록 강성을 높였다

토막 상식 4

첨단 장비는 시행착오의 산물

이 책에서는 자동차의 다양한 첨단기술을 소개하고 있는데, 안타깝지만 빛을 보지 못하고 사라진 것도 많다. 독창적인 기술이라고 평가할 수 있지만 실제로는 그다지 이용 가치가 없는 장비도 있고, 다른 방법으로 문제를 해결하는 바람에 소용이 없게 된 기술도 있다.

예를 들어 예전에는 빗속 주행을 할 때 사이드미러의 물방울을 제거하기 위해 사이드미러에 와이퍼를 설치하거나 초음파 진동으로 물방울을 털어내는 시스템이 있었다. 그러나 현재는 열로 사이드미러를 가열해 물방울을 증발시키는 시스템이 일반적이다.

레이싱카는 특히 시행착오가 빈번히 일어나는 분야다. 2009년 F1 그랑프리에서는 에너지 회수 시스템인 KERS Kinetic Energy Recovery System의 탑재가 허용되었다. 이것은 코너에 진입할 때의 제동으로 열에너지가 되어 버려지던 주행 에너지의 일부를 일시적으로 저장했다가 가속할 때 보조 동력으로 이용하는 시스템이다. 그러나 대부분의 팀은 가속 성능의 향상이라는 효과는 있지만 중량이 증가하고 시스템이 복잡하다는 점 때문에 KERS의 탑재를 보류했고, 두 팀만이 이 시스템을 계속 사용했다. 그리고 2010년에는 모든 팀이 KERS를 탑재하지 않기로 결정했다. 2013년 이후 다시 KERS가 사용되고 있는데, 이는 KERS가 전기 자동차나 하이브리드 차량의 핵심 기술로 부상했기 때문이다.

CHAPTER 5

차체의 첨단기술

High Technology of Cars

차체에는 안전하고 쾌적하게 달리기 위한 기능이 가득 담겨 있다. 차량 내부에 설치된 네트워크와 야간 주행 시에 활약하는 헤드램프, 아름다운 자동차를 유지하는 도장, 차를 지켜주는 도난 방지 장치 등을 소개한다.

테스트 드라이버의 주행 테스트 모습. 복잡한 구동 시스템이나 서스펜션의 테스트, ESC 등의 안전장치를 실제로 작동해 보는 테스트에는 위험이 따른다. 그러나 이런 철저한 테스트와 치밀한 분석을 거쳐 효과와 신뢰성이 확보된다.

사진 제공 : 보쉬

5-01 차량 내 제어용 네트워크

배선을 공유하면 경량화가 가능하다

예전의 자동차 전자 장비들은 전류를 동력 겸 신호로 삼았다. 즉, 스위치를 켜면 해당 배선에 전류가 흘러서 직접 전자 장비를 작동시켰다. 그러나 요즘 자동차는 **차체의 각 부분에 탑재된 마이크로컴퓨터가 전기 신호를 통해 동작을 판단하고** 그 부품에 전류를 흘릴지를 제어한다. 물론 최종적으로는 전류를 흘려서 전자 장비를 작동시키지만, 차체의 앞뒤에 중계 지점을 설치하고 주변의 전자 장비를 집중 관리한다. 이에 따라 구리선으로 구성된 배선을 공유할 수 있게 되었고, 이는 구조와 부품의 경량화로 이어졌다. 나아가 복잡한 제어도 가능해졌다.

또 각 부분의 ECU나 엔진 ECU가 응답하는 신호를 바탕으로 부품의 고장 여부 등을 진단하고 메모리에 고장 상황을 기록해둘 수 있게 되었으며, 그 결과 사후에 문제 원인을 특정해 쉽게 수리할 수 있게 되었다.

이런 통신 기술은 1990년경부터 자동차에 도입되기 시작했는데, 초기에는 자동차 제조 회사들의 통신 규격이 제각각이어서 혼란스러웠다. 그러나 독일의 보쉬사가 '차량 내 제어용 네트워크'인 CANController Area Network을 개발하자 유럽과 미국의 자동차 제조 회사 사이에서 이를 채용하는 움직임이 확산되었다. 그리고 미국이 1996년부터 자동차의 ECU에 자기 진단 시스템을 의무적으로 탑재하자 CAN은 세계에서 가장 많이 보급된 표준 규격으로 발전했다. 현재는 더욱 빠른 통신 규격도 등장했다.

CAN을 사용한 차내 네트워크 시스템

그림 제공 : 보쉬

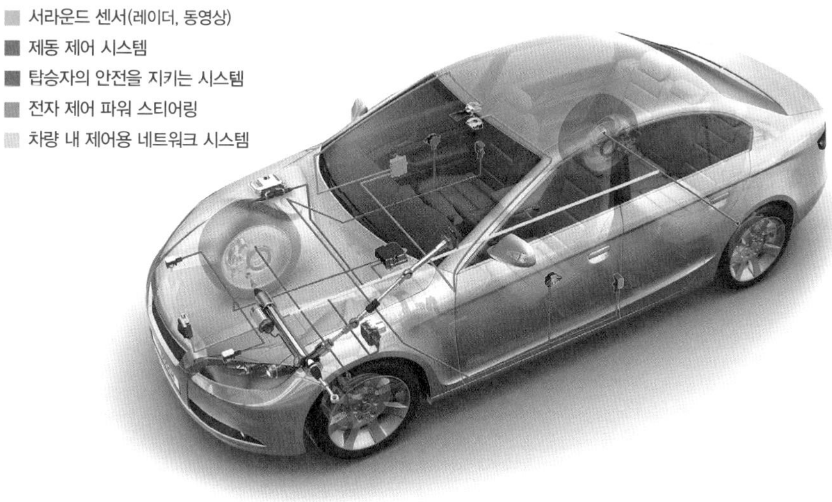

전동 파워 스티어링이나 ESC, 프리 크래시 세이프티 시스템 등의 전자 제어 장치는 각각 네트워크에 접속되어 있다. 이 네트워크 기술 중 하나가 차량 내 제어용 네트워크인 CAN이다. 규격화된 통신 기술인 CAN이 보급되면서 부품 제조 회사와 자동차 제조 회사는 개발 비용과 시간을 아낄 수 있었으며, 좀 더 확실한 점검 정비가 가능해졌다.

자동차에 사용되고 있는 모든 배선

그림 제공 : BMW

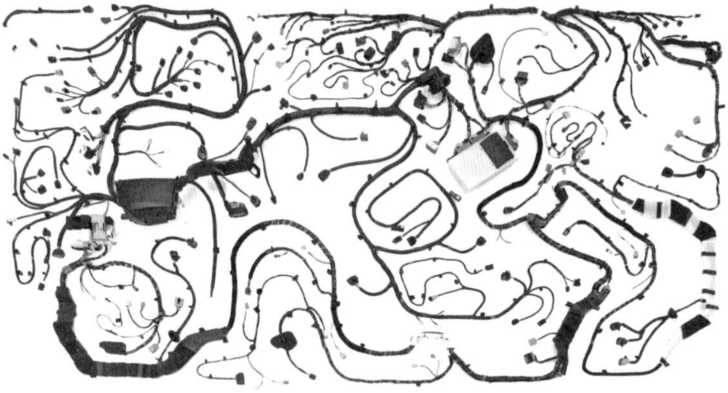

자동차에는 와이어 하니스(wire harness)가 동물의 신경처럼 펼쳐져 있다. 1990년대의 고급차에 사용된 와이어 하니스는 총 길이가 4킬로미터에 이르렀으며 무게는 50킬로그램이 넘었다. 현재는 차량 내 제어용 네트워크를 이용해 경량화를 진행하고 있다.

5-02 방전식 헤드램프

강력한 빛으로 야간에 시야를 확보한다

전력을 적게 사용하면서도 내구성이 높은 가정용 형광등이 있듯이, 자동차 산업계에서도 전력을 적게 사용하면서 더 밝고 내구성이 높은 헤드램프를 요구하게 되었다. 그래서 등장한 것이 **방전식 헤드램프** 즉, 고압 방전등이다. 회사에 따라 'HID High Intensity Discharge, 고휘도 방전식 램프' 또는 '제논 헤드램프'라고 부르지만, 전부 같은 종류다.

방전식 헤드램프는 '제논 가스'를 삽입한 밸브 속에 있는 무접점의 양 전극 사이에 고전압을 방전해서 광원을 발광시킨다. 공원이나 도로에 설치된 가로등에 사용되는 수은등과 같은 원리이며, '메탈 할라이드 램프'라는 종류에 속한다. 보통은 자동차에 흐르는 12볼트 전류를 약 2만 볼트까지 승압해서 방전하기 때문에 안정된 상태에서는 형광등에 가까운 구조라고도 할 수 있다. 방전식 헤드램프의 광량은 '할로겐 밸브'를 사용한 기존 헤드램프의 두 배가 넘기 때문에 훨씬 밝은 시야를 얻을 수 있다.

방전식 헤드램프가 등장하면서 밝기뿐만 아니라 헤드램프 디자인의 자유도도 높아졌다. 미학적 측면이나 공기 저항을 좀 더 고려할 수 있게 되었고 야간에도 안전하고 쾌적한 운전이 가능해졌다. 그러나 방전식 헤드램프의 강력한 빛은 한편으로 '지나치게 밝다'라는 지적도 받았다. 이 같은 이유 때문에 유럽연합에서는 맞은편에서 오는 차량이나 선행 차량의 운전자가 시야를 잃지 않도록 승차 인원수나 짐의 적재 상태에 따라 헤드라이트의 광축을 조정하는 기구를 차량에 의무적으로 장비하도록 규정하고 있다.

방전식 헤드램프

사진 제공 : 다임러

메르세데스 벤츠 'S클래스'에 채용된 방전식 헤드램프. 유럽에서는 '제논 헤드램프'라고 부른다. 그리고 헤드램프 하나로 광축을 높고 낮게 전환할 수 있는 것은 '바이-제논 헤드램프'다. 참고로 이 헤드램프 유닛은 '프로젝터식'이다.

광원에 따른 시야의 차이

사진 제공 : 다임러

통상적인 할로겐 헤드램프

방전식 헤드램프

헤드램프 유닛이 같아도 광원이 다르면 야간 시야가 이렇게 달라진다. 시야가 넓어지면 직진 방향의 상황을 잘 알 수 있고 주변 위험을 빠르게 감지할 수 있다.

5-03 능동형 헤드램프

스티어링과 연동해 방향을 바꾼다

자동차 헤드램프는 광원이 발하는 빛을 반사하고 렌즈로 발산함으로써 시야를 밝게 비춘다. 1990년대에 들어서자 좀 더 효율이 높은 '프로젝터형' 헤드램프가 등장해 광량을 좀 더 효과적으로 이용할 수 있게 되었다. 프로젝터형은 그 이름처럼 빛을 모아서 투영하는 방식이다. 불필요하게 빛을 발산하지 않기 때문에 같은 광량으로도 시야를 더욱 밝게 비출 수 있다는 장점이 있다.

그런데 너무 확연하게 배광어떤 물체를 비추려고 빛을 보내는 일을 하기 때문에 빛이 닿지 않는 부분은 보이지 않는다. 물론 직진 상태라면 별 문제가 아니지만, 코너에서는 자동차의 정면이 진행 방향이 아니기 때문에 전방을 내다보기가 어려운 경우도 있다. 게다가 앞에서 소개한 방전식 헤드램프의 경우, 광원이 매우 강력하기 때문에 빛이 닿지 않는 부분은 더욱 어둡게 느껴진다. 그래서 프로젝터형 램프의 우수한 배광 특성을 유지하면서 실제 주행 상태에 따라 배광을 조절할 수 있는 기구가 고안되었다. 그것이 바로 '능동형 헤드램프'다. 이것은 컴퓨터가 스티어링의 조타각이나 차속 등을 바탕으로 헤드라이트의 조사각照射角을 계산해 **헤드램프 유닛 자체의 방향을 바꾸는 방식**이다.

사실 프랑스의 자동차 제조 회사인 시트로엥이 1970년대 초반에 이런 스티어링 연동형 헤드라이트를 실용화했다. 그러나 구조가 복잡할 뿐만 아니라 당시는 헤드라이트 자체의 성능이 그다지 높지 않았던 탓에 보급되지 않았다. 기술 발전이 사라질 뻔한 아이디어를 되살린 것이다.

도로에 맞춰 빛의 방향을 바꾸는 능동형 헤드램프

그림 제공 : 다임러

일반 헤드램프

능동형 헤드램프

프로젝트형 헤드램프는 빛이 닿지 않는 부분이 잘 보이지 않기 때문에 커브길의 전방을 내다보기가 어렵다(왼쪽 그림). 능동형 헤드램프는 스티어링의 조타각 등에 맞춰 광축을 좌우로 바꿔 실제 진로에 맞는 방향으로 도로를 비춘다(오른쪽 그림).

렉서스 RX 460h의 능동형 헤드램프

사진은 능동형 헤드램프를 시연하는 모습이다. 차가 직진 상태일 때 불이 꺼지고, 오른쪽으로 선회할 때 불이 들어온다. 헤드램프의 방향이 크게 바뀌었음을 알 수 있다. 그 밖에도 빛을 퍼트리는 역할을 하는 '보조 램프'를 상황에 맞춰 병용해서 더욱 안전하게 야간 주행을 한다.

5-04 LED 헤드램프

일순간에 평상시의 광량을 얻을 수 있다

다이오드는 전자 회로에 사용되던 반도체 부품의 하나로 전류를 한 방향으로만 흐르게 하는 정류 효과가 있다. 그러다 최근 들어 형광등이나 전구를 대신하는 광원으로 주목받기 시작했고 이를 'LEDLight Emitting Diode, 발광 다이오드'라고 부른다. 처음에는 빨갛게 빛나는 것 밖에 없어서 용도가 다양하지 못했는데, 지금은 발전을 거듭해 LED를 활용하는 곳이 많다.

자동차용 LED는 먼저 **하이마운트 스톱 램프**에 채용되기 시작했다. 비교적 저렴한 적색 발광 다이오드를 이용할 수 있고, 다이오드가 전구처럼 선이 끊어질 염려가 없기 때문이었다. 또 LED 하나하나는 작기 때문에 배치가 자유롭다는 점도 장점이었다. 덕분에 후방 시야를 방해하지 않도록 폭이 넓고 얇은 형태로 램프를 디자인할 수 있었다. 전기 저항으로 발광하는 전구보다 반응이 빨라서 브레이크 신호를 후속 차량에 빠르게 알려줄 수 있기 때문에 안전에도 도움이 된다.

'백색 LED'가 개발되어 통상적인 조명으로 사용할 수 있게 되면서 자동차의 여러 조명에 LED가 사용되기 시작했다. LED는 전력을 적게 사용하고 전구가 끊어질 우려가 없으며 발열량도 적다는 장점이 있다. 백색 LED는 '고휘도 백색 LED'로 발전했고, 2007년에는 'LED 헤드램프'가 등장했다.

LED 헤드램프는 전력을 적게 사용하면서 일순간에 평상시의 광량을 얻을 수 있기 때문에 야간에 운전하거나 터널을 지나갈 때 더욱 안전한 주행을 가능케 한다.

프리우스의 LED 헤드램프 유닛

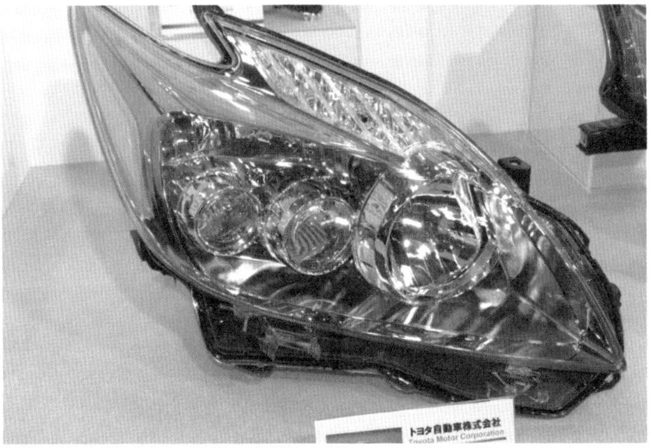

도요타 프리우스의 LED 헤드램프. 현 시점에서는 방전식 헤드램프가 소비 전력과 밝기 효율이 더 우수하지만, 앞으로 고휘도 LED의 효율이 향상되면 가장 우수한 라이트 시스템이 될 것으로 보인다. 하이브리드 자동차에 걸맞은 첨단기술 장치라고 할 수 있다.

LED 헤드램프의 구조

그림 제공 : 고이토 제작소

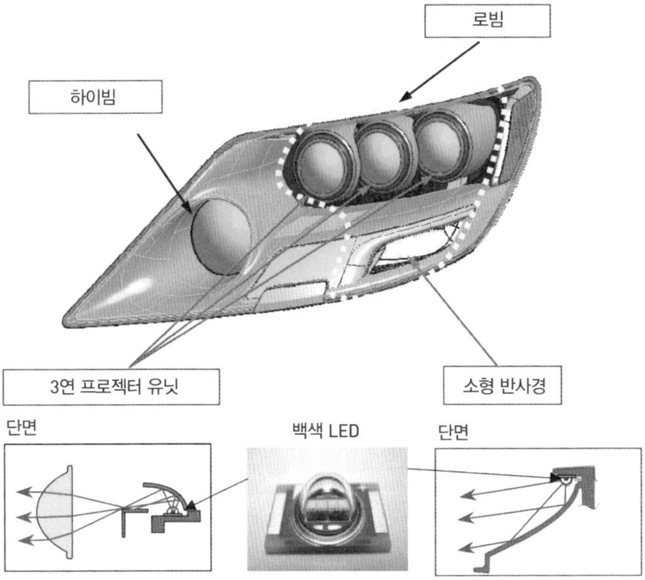

커다란 LED처럼 보이는 3연 프로젝터 유닛은 렌즈이고, 백색 LED 본체는 라이트 속에 수평으로 배치되어 있다. 백색 LED에서 발산된 빛은 복수의 반사경을 통해 진로를 바꾸면서 렌즈에 모아져 효율적으로 전방을 비추는 불빛이 된다.

5-05 안티 스크래칭 코트

스스로 흠집을 복원하고 외부 충격에 강하다

차체는 비바람이나 자외선에 노출되어 서서히 광택을 잃는다. 또 주행 중에 묻은 오물이나 주차되어 있는 동안 달라붙은 먼지와 모래가 세차 과정에서 미세한 흠집을 내기 때문에 광택도 손상된다. 이런 작은 흠집은 도장면을 정기적으로 가볍게 연마해 없앨 수 있지만, 서서히 도장도 얇아진다. 표면을 딱딱한 막으로 코팅해 흠집과 오물로부터 보호하는 방법도 있지만 이 또한 정기적인 관리가 필요하다.

그러나 기술 진보는 획기적인 도장을 만들어내는 데 성공했다. **안티 스크래칭 코트**라고 부르는 것이 등장했는데, 이 도장은 흠집에 매우 강하다. 자동차 제조 회사에 따라 여러 종류가 있지만 대부분의 고급차에 채용되고 있는 일반적인 안티 스크래칭 도장은 표면의 클리어 코트에 딱딱함과 부드러움을 공존시켜 충격을 흡수하고 표면에 흠집이 잘 생기지 않게 한다.

닛산은 일부 차종에 '스크래치 가드 코트'라는 독특한 표면 도장을 채용했다. 이것은 모래나 먼지가 '가는 흠집'을 만들어도 그 뒤에 태양 광선을 쬐면 표면의 손상이 매끄럽게 복원된다. 그래서 표면의 광택이 오래 유지된다.

도료 자체에 불소를 첨가한 도장도 있다. 이것은 표면을 불소로 보호할 뿐만 아니라 도장 내부에서 불소가 끊임없이 표면에 공급되면서 오물이 붙는 것을 방지하고 흠집으로부터 차체를 지켜준다.

닛산의 '스크래치 가드 코팅'

그림 제공 : 닛산 자동차

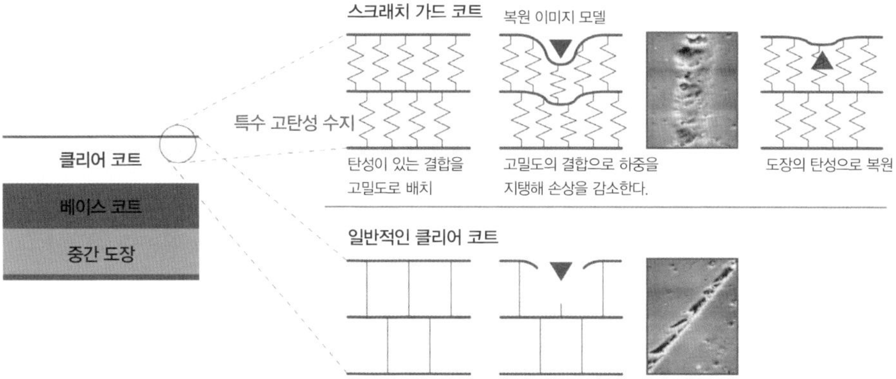

일반적인 클리어 코트는 외부의 충격으로 조직이 파괴되어 흠집이 생긴다. 이에 비해 스크래치 가드 코트는 조직의 결합이 매우 강하고 유연성이 있기 때문에 일시적으로 자국이 생겨도 태양빛을 쬐면 유연성이 높아져 표면이 정돈되면서 흠집이 사라진다. 다만 일정 이상의 손상을 입으면 흠집은 피할 수 없다.

도요타의 '셀프 리스토어링 코트'

그림 제공 : 도요타 자동차

◆ 도막(塗膜)의 복원 이미지

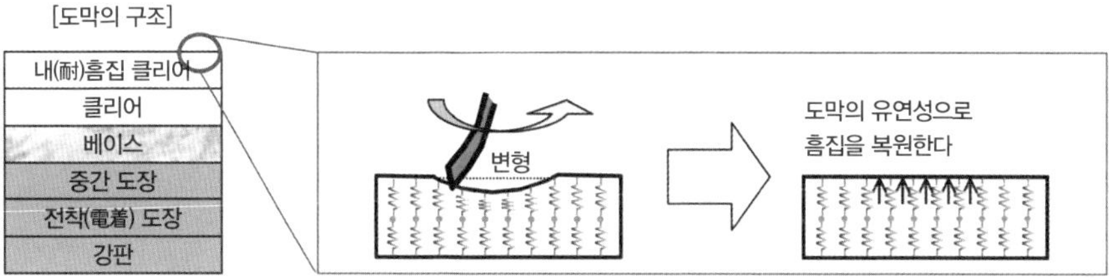

도요타가 고급차 도장에 사용하고 있는 셀프 리스토어링 코트(자기 수복성 내 흠집 도장)는 도료 분자 사이의 연결이 강하면서도 유연성을 겸비한 덕분에 흠집에 강하다. 외부 충격에 일시적으로 표면에 흠집이 생기더라도 도장 자체의 유연성이 표면을 매끄럽게 복원한다. 흠집이 잘 생기지 않으면서도 가벼운 수준의 흠집은 눈에 띄지 않는다.

5-06 스마트 엔트리, 스마트 키

열쇠가 없는 자동차를 만들다

자동차 열쇠는 차문을 열고 엔진의 시동을 걸기 위해 없어서는 안 된다. 아주 옛날에는 엔진 시동을 거는 열쇠와 차문을 여는 열쇠가 별개이거나 트렁크 또는 글러브박스는 다른 열쇠로 열어야 하는 경우도 있었다. 자동차 한 대에 여러 종류의 열쇠가 있었던 것이다. 그러다 열쇠를 하나만 쓰게 되었고, 운전석을 열면 모든 문과 트렁크의 잠김이 해제되는 '집중 잠금'이 등장했다. 그리고 지금은 적외선이나 전파로 도어록을 조작할 수 있는 '키리스 엔트리 keyless entry'라는 장치도 널리 쓰이고 있다.

그런데 최근 **열쇠로 잠그고 열 필요가 없는 자동차도 늘고 있다.** 무선 기술을 통해 열쇠를 가진 운전자가 단추를 누르거나 근처에 있기만 해도 자동으로 차문의 잠금 상태가 해제되고, 자동차에 타면 열쇠를 꽂지 않아도 시동을 걸 수 있는 것이다. 열쇠 조작이 불필요한 시스템을 도요타는 '스마트 엔트리', 혼다는 '스마트 키'라고 부른다.

이 같은 시스템의 효과는 사용자 편리성에만 있지 않다. 차문에서 열쇠 구멍을 없애고 신호를 암호화함으로써 **방범성도 높였다.** 특히 고급차의 경우 도둑으로부터 자동차를 보호하기 위해 방범 장치가 매년 진보하고 있다. 닛산의 경우, 일본의 휴대 전화 업계와 손을 잡고 휴대 전화기에 인텔리전트 키 기능을 탑재한 모델도 등장시켰다.

렉서스의 '스마트 엔트리'

사진 제공 : 도요타 자동차

도요타의 고급 브랜드 '렉서스'의 스마트 엔트리는 열쇠를 갖고 자동차에 다가가기만 해도 문을 잠그고 열 수 있다. 엔진 시동은 시동 단추를 눌러서 건다. 도어록을 잠그고 여는 단추는 열쇠 본체에도 있다.

도어록과 연동하는 고급차의 일루미네이션

사진 제공 : 도요타 자동차

도요타 '렉서스 GS'는 차문의 개폐나 도어록과 연동하는 일루미네이션 시스템을 장비했다. 이런 장치를 통해 마치 자동차가 스스로 운전자를 환영하는 듯한 착각을 불러일으킨다.

혼다 '스마트 키'

사진 제공 : 혼다기연공업

혼다 스마트 키

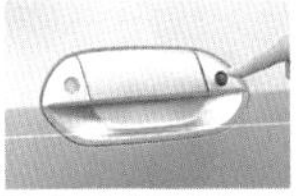

잠금단추
(운전석/조수석 문)

잠금단추
(테일 게이트)

엔진 시동 노브

운전자가 열쇠를 가지고 있기만 해도 단추를 눌러 문을 열고 노브를 돌려 엔진 시동을 걸 수 있다. 배터리가 방전되는 상황에 대비해 스마트키에 일반적인 열쇠도 내장했다.

5-07 이모빌라이저

암호화 기술로 자동차를 지킨다

엔진 시동을 걸 때 돌리는 시동 키나 차문의 잠금 기구는 넓은 의미에서 운전 조작인 동시에 악의적인 장난이나 도난으로부터 자동차를 보호하는 방범 장치이기도 하다. 그런데 자동차 범죄도 나날이 고도화되고 있어서 차 내의 장비품을 도난당하거나 자동차를 통째로 도둑맞는 사건이 급증하고 있다. 그래서 열쇠의 방범 기능만으로는 부족하다는 생각으로 개발된 것이 도난 방지 장치인 **이모빌라이저**immobilizer다.

이모빌라이저는 '열쇠 홈'뿐만 아니라 열쇠와 자동차에 기억되어 있는 'ID'를 조회하는 방식으로 보안성을 높였다. ID는 디지털 신호인데, 조합이 수천만 가지에 이르기 때문에 ID에 열쇠 모양까지 우연히 일치할 확률은 거의 없다. 따라서 열쇠를 복사하거나 키 실린더를 부숴서 배선을 연결하는 방법으로는 엔진 시동을 걸 수 없다.

약 20년 전에 이모빌라이저가 등장했지만 지금도 진화를 거듭하고 있다. 현재는 ID를 더욱 복잡하게 만들고 인증 후에 매번 ID를 다시 암호화함으로써 보안성을 더욱 높이고 있다.

다만 이모빌라이저라 해도 완벽하지는 않다. 사람이 만든 시스템인 만큼 누군가가 깨뜨릴 수 있는 것이다. 방범 시스템은 지키려는 쪽과 깨트리려는 쪽의 끊임없는 싸움이다. 자동차 도난 방지 장치는 앞으로도 계속 진화할 것이다.

이모빌라이저가 작동할 때의 경고

사진 제공 : 도요타 자동차

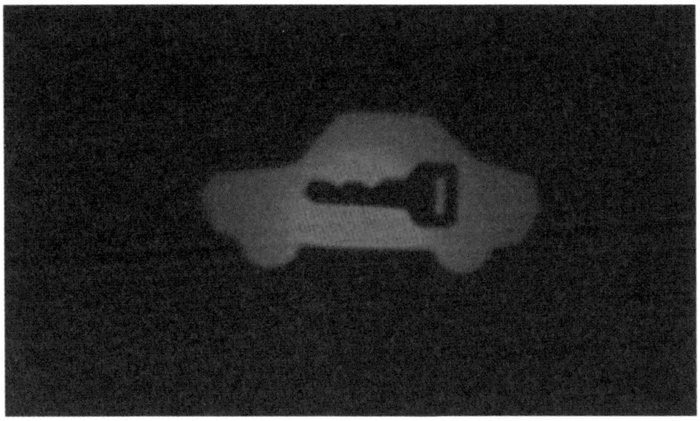

이모발라이저의 작동을 나타내는 램프가 깜빡이는 모습. 시동키에 기억되어 있는 ID와 ECU에 기록되어 있는 ID를 조회해서 서로 맞지 않을 경우는 시동이 걸리지 않도록 엔진을 잠근다. 따라서 열쇠 구멍을 부수거나 배선을 가공하는 방법으로 엔진 시동을 거는 일이 거의 불가능하다. 그만큼 자동차 도난의 위험성이 줄어들었다.

이모빌라이저의 위치

그림 제공 : 보쉬

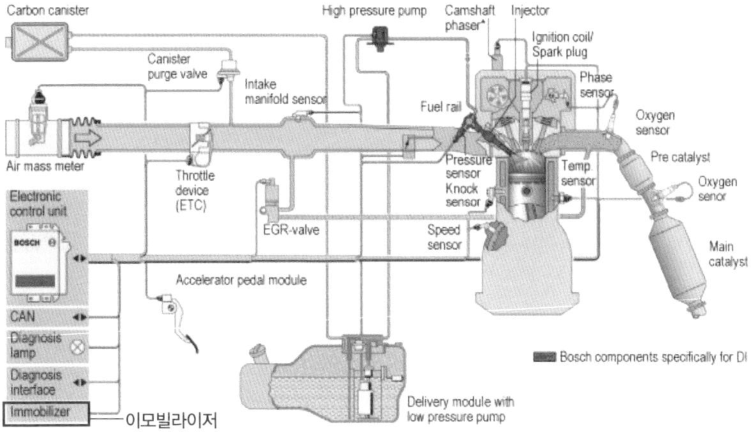

이모빌라이저는 그림과 같이 엔진 ECU에 직접 연결되어 있다. 실제로는 ECU의 내부에 들어 있는 경우도 많아서, ECU를 교환하는 작업을 하면 이모빌라이저를 재설정해야 할 때도 있다.

토막 상식 5

경제 불황에 대응하는 신개념 자동차

이 책에서는 다양한 첨단기술을 소개하고 있는데, 모든 사람이 최신 장치로 가득한 자동차를 원하는 것은 아닌 모양이다. 전 세계 자동차 제조 회사의 엔지니어와 경영진을 깜짝 놀라게 한 자동차가 2008년에 등장했다. 바로 인도의 타타 모터스가 개발한 '타타 나노'다. 타타 나노는 당시 인도에서 판매되었던 자동차 가운데 가장 저렴했는데 가격이 10만 루피발표 당시의 환율로 약 240만 원에 불과했다.

타타 나노는 경자동차에 해당하는 덩치와 엔진을 장비하고 있지만 와이퍼는 하나뿐이고 에어컨과 라디오는 옵션이었다. 매우 소박한 장비로 낮은 가격을 실현한 셈이다. 실제로는 11만 루피가 넘는 가격에 발매되었지만, 그래도 압도적으로 낮은 가격에 큰 인기를 끌었다. 현재 타타 나노는 단종되었지만 제넥스 나노라는 신모델이 그 명맥을 이어가고 있다. 경제 불황이 여전히 이어지고 있는 만큼 적당한 품질과 싼 가격을 갖춘 자동차가 나온다면 언제든 인기를 끌 수 있을 것으로 예상된다.

CHAPTER 6

쾌적함을 위한 첨단기술

High Technology of Cars

누구나 가급적 쾌적하게 자동차를 타고 싶어 한다. 여기에서는 어려운 조작이 요구되는 운전을 쉽게 할 수 있도록 해주는 장치나 목적지까지 헤매지 않고 도달할 수 있는 최신 시스템을 소개한다.

밀리미터파 레이더를 이용해 차속과 차간 거리를 제어하는 '인텔리전트 하이웨이 크루즈 컨트롤'의 이미지. 고속도로에서 운전 부담을 줄여준다

사진 제공 : 혼다기연공업

6-01 인텔리전트 크루즈 컨트롤

주위의 흐름에 맞춰 속도를 조절한다

고속도로로 장거리를 이동할 때는 상당한 시간 동안 일정한 속도로 순항하는 경우가 많다. 그럴 때 가속 페달을 계속 일정한 힘으로 밟는 것은 매우 괴로운 일이다. 다리 근육뿐만 아니라 발목 관절에 통증을 느끼는 운전자도 있다. '크루즈 컨트롤'은 이런 상황에 빠진 운전자를 해방시켜주는 장치다. 이 장치는 설정된 차속을 유지하도록 자동으로 가속 페달의 깊이를 조절한다. 물론 스위치 혹은 브레이크를 밟으면 즉시 해제할 수 있다.

기존 크루즈 컨트롤은 차속 센서의 신호를 바탕으로 차속을 일정하게 유지하도록 엔진 회전을 조절하는 비교적 단순한 시스템이었다. 그러나 최신 **인텔리전트 크루즈 컨트롤**은 단순히 차속을 일정하게 조절하는 것이 아니라 주위의 차량과 보조를 맞추도록 유연하고 매끄러운 제어 능력을 보여준다. 앞에서 소개한 밀리미터파 레이더 장치를 이용해 앞차와의 거리를 일정하게 유지하도록 속도를 자동으로 조정하고, 일단 속도를 낮추더라도 다시 흐름이 원활해지면 설정 속도까지 자동으로 가속한다. 주위의 자동차가 빠르게 달린다고 해도 설정 속도를 넘어서지는 않는다.

주행 속도의 변화에 따라 속도를 재설정하거나 모드 해제를 반복하는 번거로움이 해소되어 좀 더 이용하기 편해진 것이다. 인텔리전트 크루즈 컨트롤은 고속도로의 교통량이 많은 상황에 안성맞춤인 첨단기술이다.

인텔리전트 크루즈 컨트롤의 작동 이미지

그림 제공 : 후지 중공업

자동차의 앞부분에 장착된 레이더 장치는 발사한 전파가 되돌아온 시간과 주파수의 변화를 바탕으로 선행 차량과의 거리와 속도 차이를 측정한다. 차간 거리가 충분하면 설정한 속도로 순항하며, 차간 거리가 줄어들면 경보를 보내거나 일시적으로 속도를 떨어트려 일정한 차간 거리를 유지한다.

인텔리전트 크루즈 컨트롤의 예

그림 제공 : 혼다기연공업

- 레이더 감지 범위: 차량 전방 100미터 이내 각도 16도
- 작동 차속: 시속 45~100킬로미터

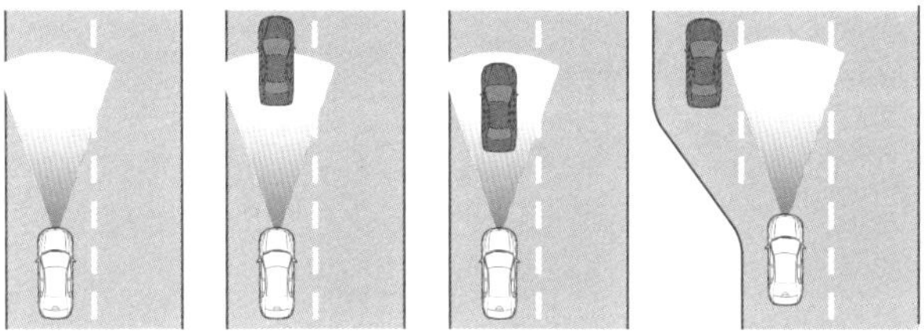

정속 제어 앞차 없음 / 감속 제어 앞차 감지 / 추종 제어 앞차를 따라감 / 가속 제어 앞차 추월

정속 제어	원하는 속도로 설정하면 정속 주행을 시작한다.
감속 제어	앞차가 설정 차속보다 느리게 달릴 경우 스로틀과 브레이크를 제어해 감속한다. 앞차의 급제동이나 끼어들기 등으로 감속이 충분하지 않다면 경고음이나 표시로 운전자의 조작(제동 등)을 촉구한다.
추종 제어	앞차의 차속 변화에 맞추어 차간 거리를 유지한다.
가속 제어	앞차가 차선을 변경했을 경우, 설정 차속까지 완만히 가속해 정속 주행으로 돌아간다.

- 크루즈 컨트롤은 전방 부주의의 위험성을 해소하는 장치가 아니다. 차간 거리 제어, 차간 근접 경보, 감속 능력, 차선 유지 지원, 차속 이탈 경보에는 한계가 있다.
- 도로와 기후 상황에 따라서 사용할 수 없을 경우가 있다.

혼다의 '어댑티브 크루즈 컨트롤'의 경우, 자동차에서 쏘는 레이더파의 검출 범위가 전방 100미터, 좌우 16도로 제한적이다. 이 범위에 선행 차량이 없으면 설정 차속으로 정속 주행하는 정속 제어를 하고, 선행 차량을 검출했을 경우는 속도에 맞는 차간 거리를 유지하기 위해 감속 제어(엔진이나 브레이크를 조정)를 한다. 또한 설정한 차간 거리를 유지하며 선행 차량과 같은 속도로 달리는 추종 제어, 선행 차량이 없어지거나 가속했을 경우 설정 속도까지 가속하는 가속 제어의 네 가지 패턴이 있다.

6-02 능동형 스티어링

주행 상황에 맞춰 반응성을 변화시킨다

자동차의 방향을 바꾸고자 할 때는 스티어링을 돌려서 조작한다. 급격히 방향을 바꿀 때는 크게 돌리고, 조금만 방향을 바꿀 때는 살짝만 돌린다.

스티어링의 조작 반응성을 높이고 싶으면 기어비가 높은핸들을 돌리면 즉시 조타륜이 방향을 바꾼다 스티어링 기구가 좋은데, 이 경우 고속도로 주행처럼 스티어링을 크게 움직일 필요가 없는 상황에서는 미세 조종이 어렵다. 반대로 기어비가 낮은핸들을 돌려도 조타륜이 곧바로 방향을 바꾸지는 않는다 스티어링 기구는 자동차를 주차할 때와 같은 상황에서 좌우로 바쁘게 스티어링을 돌려야 한다. 그래서 중립직진 근처에서는 기어비를 낮게 설정해 반응성을 낮추고, 일정 이상의 조타각이 되면 기어비를 높여서 반응성을 높이는 '가변 기어비 스티어링'이라는 기구를 채용한 자동차도 있다.

그리고 **능동형 스티어링**은 스티어링 기구의 특성을 더욱 적극적으로 바꿈으로써 쾌적성을 높였다. 이것은 스티어링 기구의 축 위에 적은 단수로 커다란 감속비를 얻을 수 있는 유성 기어를 채용하고 그 기어를 제어해 기어비를 바꾼다. 이렇게 해서 능동형 스티어링은 상황에 맞춰 꺾이는 각도가 달라지도록 제어된다. 그 결과 고속도로에서는 여유롭게 스티어링을 잡을 수가 있고, 주차를 할 때나 교차로에서도 스티어링을 크게 돌릴 필요가 없어 운전이 편하다.

BMW의 능동형 스티어링

그림 제공 : ZF Friedrichshafen AG

BMW의 능동형 스티어링은 스티어링 축의 중간에 유성 기어를 사용했다. 또한 모터를 이용해 외부에서 조종할 수도 있어, 상황에 맞춰 자동으로 스티어링을 조작해 자동차의 자세를 바로잡는다.

능동형 스티어링의 효과

그림 제공 : BMW

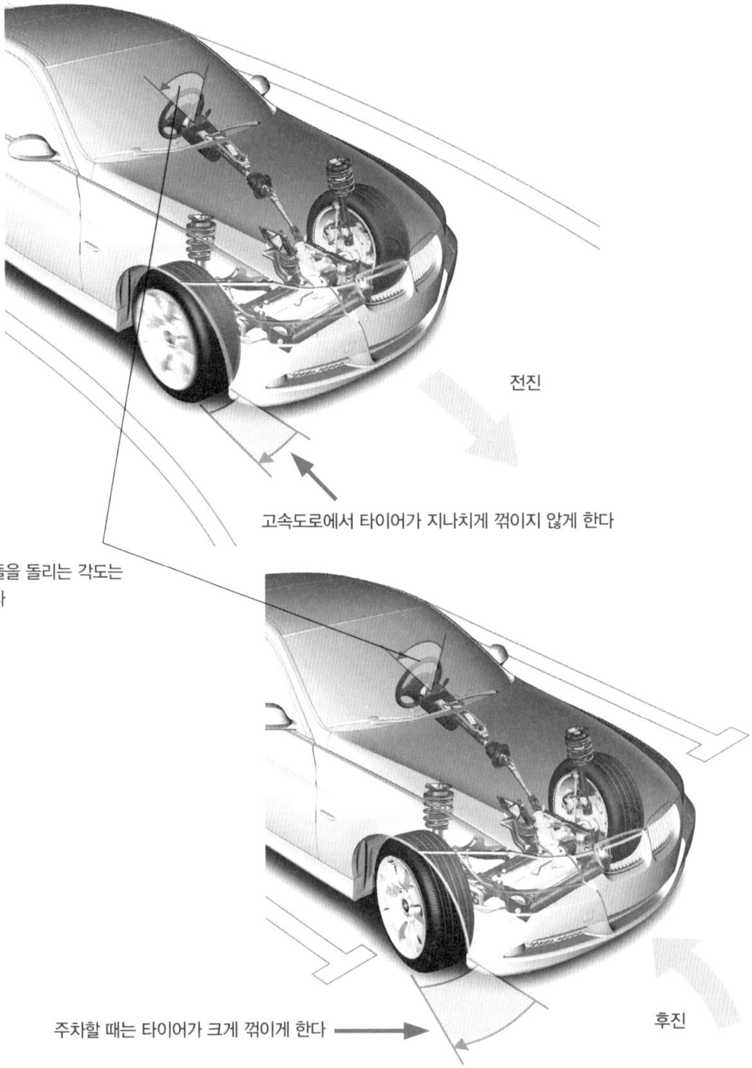

시가지에서의 편리함을 생각하면 스티어링을 조금만 돌려도 크게 꺾이는 편이 좋지만, 그러면 고속도로에서는 운전 중에 긴장이 심해져 운전자가 금방 피곤해진다. 그래서 능동형 스티어링은 스티어링을 똑같이 돌려도 속도에 따라 타이어가 꺾이는 각도가 달라진다.

혼다의 가변 기어비 스티어링

사진 제공 : 혼다기연공업

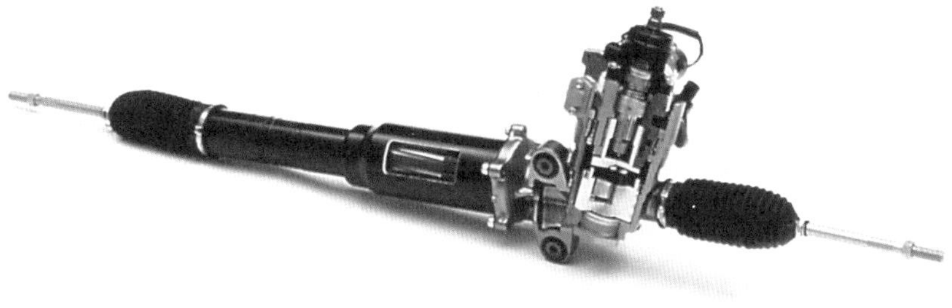

기어박스와 스티어링 축 사이에 미끄러지는 링크를 장착했다. 이 링크의 위치에 따라 기어를 움직이는 비율이 바뀌는 점을 이용해서 차속과 조타각에 맞춰 기어비를 바꾼다.

BMW의 통합 능동형 스티어링

사진 제공 : BMW

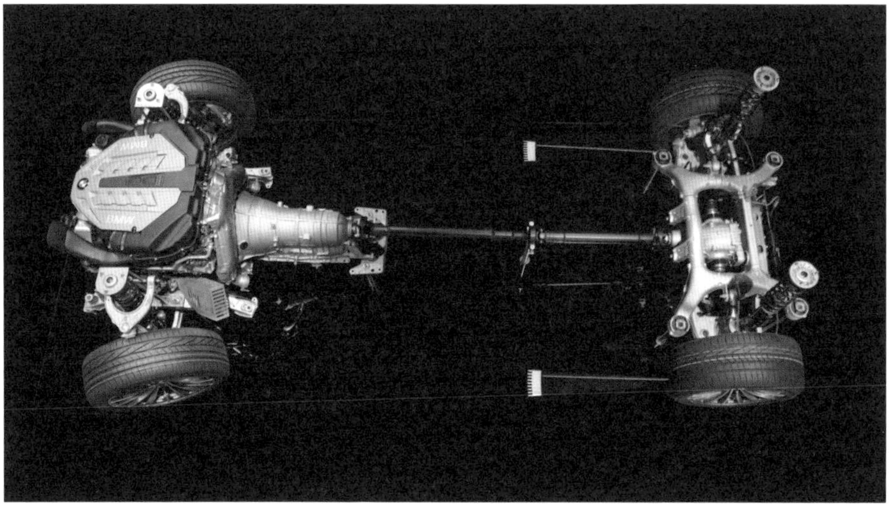

BMW의 '7시리즈'는 뒷바퀴도 조타하는 '통합 능동형 스티어링'을 탑재했다. 이것은 속도에 따라 꺾이는 각도가 달라지는 앞바퀴에 맞춰 중저속 영역에서는 앞바퀴와 반대 방향, 고속 영역에서는 같은 방향으로 뒷바퀴를 살짝 조타함으로써 시가지에서는 선회성을 높이고 고속도로에서는 매끄럽게 차선을 변경할 수 있게 한다. 닛산의 '스카이라인'도 같은 시스템을 도입했다.

6-03 지능형 주차 보조 시스템

후방 주차가 서툰 사람도 편하게 주차할 수 있다

자동차는 일상생활에 없어서는 안 될 편리한 도구이지만 모두가 자동차 운전을 즐기는 것은 아니다. 운전에는 자신이 없지만 일 때문에, 또는 가족이나 생활 때문에 자동차를 이용하는 사람도 있다. 가령 운전이 서툰 사람이나 초보자는 후방 주차가 어려워서 이를 꺼리는 경우가 많다.

그래서 자동차 제조 회사와 부품 제조 회사들은 주차 위치로 자동차를 유도하는 보조 시스템을 개발했다. 가령 도요타의 **지능형 주차 보조 시스템**은 처음에 설정만 해놓으면 거의 자동으로 주차를 대신해준다.

지능형 주차 보조 시스템은 세우고 싶은 주차 공간의 앞에서 일단 정지하고 시스템에 주차 위치를 입력하면 차량이 자동으로 스티어링을 조작한다. 브레이크나 가속 페달을 밟지 않으면 자동 변속기의 크립 현상변속기의 위치를 D나 R에 놓고 브레이크에서 발을 떼면 가속 페달을 밟지 않아도 차가 움직이는 현상만으로 움직이면서 주차 공간에 자동차를 깔끔하게 주차시킨다. 운전자는 자동차가 주차 공간에 들어간 시점에 브레이크를 밟아서 정지시키기만 하면 된다.

유럽의 자동차 제조 회사들은 주차 가능한 공간인지를 센서로 판단하고 그 공간에 주차하도록 스티어링만을 자동으로 조작해주는 시스템도 개발했다. 이 기술은 폭과 길이를 재는 센서와 카메라의 영상을 인식하는 컴퓨터, 여기에 전동 파워 스티어링의 제어를 통해 구현된다.

지능형 주차 보조 시스템의 작동

그림 제공 : 도요타 자동차

초음파 센서를 이용한 주차 공간 검출

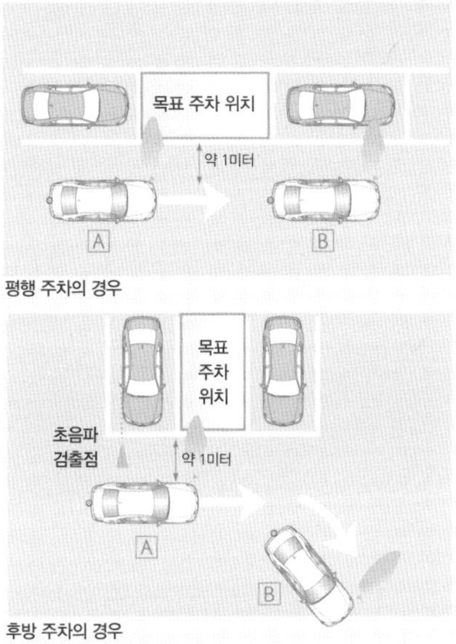

A 초음파 센서로 주차 공간을 검출.
B 검출한 주차 공간 주변을 후방 카메라의 영상으로 목표 주차 위치를 측정.

시스템이 스티어링의 조타를 지원해 주차를 지원.

초음파 센서와 카메라를 이용한 공간 인식(①), 인식한 공간에 자동차를 유도하기 위한 스티어링 조타 검출(②), 초음파 센서를 이용한 접촉 방지(③) 등 이 세 가지가 주차 보조 시스템을 이루는 큰 기둥이다. 먼저 운전자는 스위치를 누른 뒤에 주차 공간 앞에서 일시 정지한다. 그리고 주차하고 싶은 장소를 자동차에게 알린 다음 대각선 앞까지 전진한다. 그러면 자동차가 크립 현상을 이용한 후진과 스티어링의 자동 조작으로 스스로 주차한다.

지능형 주차 보조 시스템의 작동 방법

사진 제공 : 도요타 자동차

스위치를 누르기만 하면 자동차가 주차를 시작한다.

6-04 어라운드 뷰 모니터

사각 문제를 깔끔하게 해결하다

자동차의 차체는 거주성과 쾌적성을 높이기 위해 점점 커지고 있으며, 충돌 안전성을 높이고 공기 저항을 줄이기 위해 매끈한 곡면으로 구성된 디자인을 많이 채용하고 있다. 하지만 그 결과 운전자의 시야에서 벗어난 부분, 즉 사각도 많아졌다.

최근에는 이 같은 문제를 해결하기 위해 차체에 카메라나 센서를 부착해서 접촉 또는 충돌을 경고하는 자동차도 늘어나고 있다. 또 카 내비게이션의 기능 중 하나로 후진을 하면 자동차의 궤적을 추측해 표시하는 '후방 안내 모니터'라는 장비를 갖춘 자동차도 있다.

닛산의 **어라운드 뷰 모니터**around view monitor는 센서나 카메라를 이용한 시스템을 더욱 발전시킨 첨단 시스템이다. 이것은 전후좌우의 사각을 보완하는 CCD 카메라와 초음파 소나탐지기로 앞뒤나 보이지 않는 조수석 쪽의 사이드 뷰를 표시하고 장해물이 접근하면 경보를 울린다. 게다가 네 귀퉁이에 탑재된 카메라의 영상이 '시점 변환 기술'을 통해 자동차를 위에서 내려다봤을 때의 영상으로 변환된다. 운전자가 마치 텔레비전 게임이나 미니카를 위에서 보면서 주차장에 넣는 듯한 감각으로 후방 주차를 할 수 있다.

후방 주차가 서툰 사람도 위에서 내려다본 모습의 화면을 이용해 주차 공간에 자동차를 집어넣을 수 있다면 주차가 상당히 편해질 것이다.

어라운드 뷰 모니터의 시스템

사진 제공 : 닛산 자동차

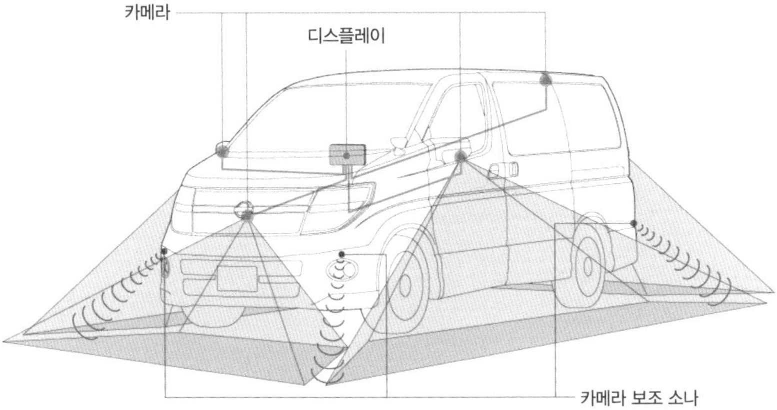

자동차의 앞뒤와 사이드미러에 장착된 CCD 카메라가 사각을 모니터에 표시한다. 또한 시점 변환 기술로 자동차를 위에서 내려다보는 시점의 화면을 보여준다. 여기에 차체의 네 귀퉁이에 설치한 초음파 센서가 장해물이나 다른 차량의 접근을 경고해 접촉을 방지한다.

어라운드 뷰 모니터의 화면

사진 제공 : 닛산 자동차

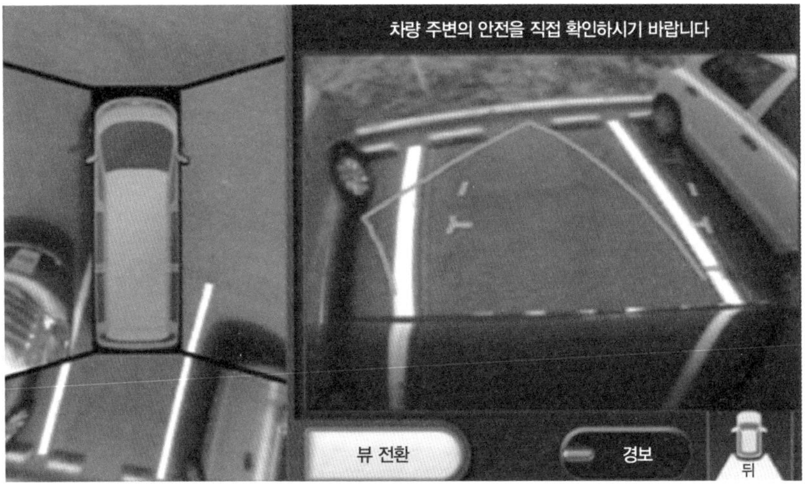

후방 안내 모니터가 스티어링의 꺾이는 각도를 바탕으로 현재의 진행 방향과 예상 진로 방향을 표시하고 어라운드 뷰는 주위와의 위치 관계를 표시한다. 자동차의 움직임에 대한 이미지를 잡기 쉬우므로 주차가 서툰 운전자도 운전 부담이 줄어든다.

6-05 오토 에어컨

가정용 에어컨보다 세밀하게 제어한다

에어컨은 **기화열**을 이용해 공기를 냉각시킨다. 자동차용 오토 에어컨은 탑승자가 차내 기온을 설정하면 자동으로 온도를 조절한다. 컴퓨터가 차내와 외부의 기온, 차내에 들어오는 햇빛의 세기 등을 측정해 사람이 쾌적하게 느끼는 온도의 바람을 내보내는 것이다.

또 같은 차내 기온이라도 햇볕이 내리쬐는 경우와 그렇지 않은 경우는 사람이 느끼는 온도가 다르다. 기온은 햇볕이 공기를 직접 데우는 것이 아니라 햇볕에 따뜻해진 지면이나 물체의 열을 공기가 흡수하면서 상승한다. 햇볕이 자동차에 내리쬐는 상태에서는 차 안의 기온이 빠르게 상승할 뿐만 아니라 햇볕이 사람의 몸을 직접 덥히므로 차내 기온이 같아도 덥게 느껴진다. 그래서 **같은 설정 온도라도 날씨나 밤낮에 따라 냉온방의 강도를 변화시키는** 것이다.

자동차의 경우 바람 온도뿐만 아니라 풍량도 자동으로 조절해주는 것을 **풀 오토 에어컨** 클라이밋 컨트롤이라고 부른다. 설정 온도와 현재의 차내 기온에 차이가 있으면 설정 온도에 빠르게 가까워지도록 풍량을 높이고, 설정 온도가 되면 미풍으로 바꿔서 쾌적한 상태를 유지한다.

자동차 에어컨은 차내 공기 순환과 외부 공기 유입을 전환하거나 유리창에 서린 김을 없애는 역할도 한다. 그리고 각 좌석의 온도를 치밀하게 제어하거나 상반신과 하반신, 시트의 온도 등을 검출해 세밀하게 에어컨을 제어하기도 한다. 차량의 오토 에어컨은 이처럼 가정용 에어컨보다 복잡하게 제어된다.

뒷좌석용 에어컨

그림 제공 : 도요타 자동차

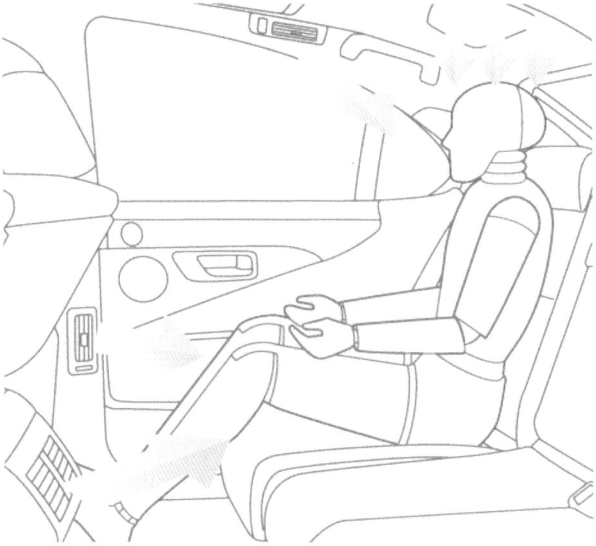

고급차를 중심으로 뒷좌석 전용 에어컨을 탑재하는 자동차가 늘고 있다. 그림은 좌석별로 온도를 설정할 수 있는 도요타 '렉서스 LS'용 에어컨이다. 뒷좌석의 탑승자가 쾌적한 시간을 보낼 수 있다.

GPS와 연동하는 에어컨

그림 제공 : 혼다기연공업

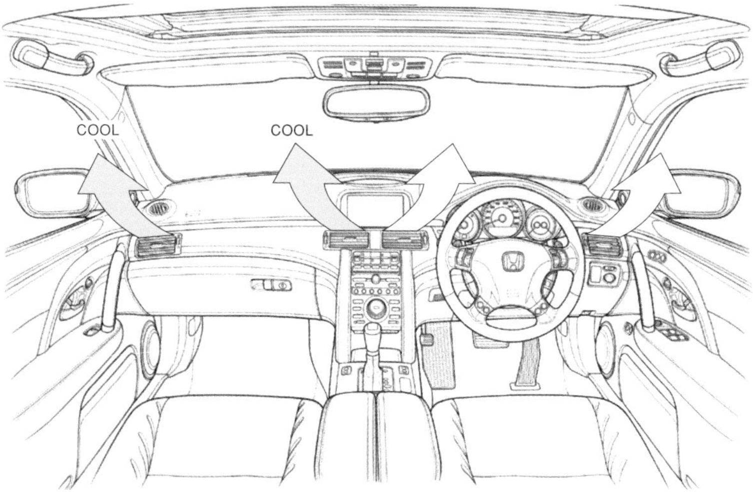

GPS 정보와 일광 센서로 햇볕의 강도와 방향을 판단해 운전석과 조수석 쪽의 온도나 풍량을 자동으로 제어한다.

6-06 카 내비게이션 시스템

인공위성을 이용해 자차의 위치를 계측한다

카 내비게이션 시스템은 자차의 현재 위치 표시부터 목적지까지의 거리나 방향, 경로 안내, 정체 구간 정보 표시까지 해준다. 그래서 방향 감각이 없는 사람이나 여행자, 업무를 위해 거리를 돌아다니는 사람 등 많은 운전자에게 사랑받고 있다.

그런데 카 내비게이션은 어떻게 자차의 위치를 검출하는 걸까? 현재의 카 내비게이션은 자차의 위치를 검출하기 위해 GPSGlobal Positioning System, 범지구 위치 측정 시스템라는 시스템으로 인공위성의 전파 신호를 이용하는 방법을 쓴다. 세 개 이상의 인공위성을 이용해 위치 정보를 산출하고 여기에 지상 기지국의 정보를 가미함으로써 현재 위치를 정확하게 검출하는 것이다. 또한 터널처럼 전파 수신이 불가능한 곳에서는 자이로 센서나 가속도 센서로 자동차의 움직임이 얼마나 변하는지를 알아내고, 속도 센서와 해당 정보를 결합해 계산함으로써 자차의 위치를 추측한다.

자동차의 주행 상태를 미리 준비되어 있는 지도 데이터 위에 반영한 것이 카 내비게이션의 주행 화면이다. 자차의 위치를 알고 목적지를 설정하면 주행 경로를 검색할 수 있다. 고속도로나 상점 등의 정보도 전부 지도 데이터에 수록되어 있기 때문에 안내가 가능하다.

여러 개의 인공위성을 이용해 위치를 특정한다

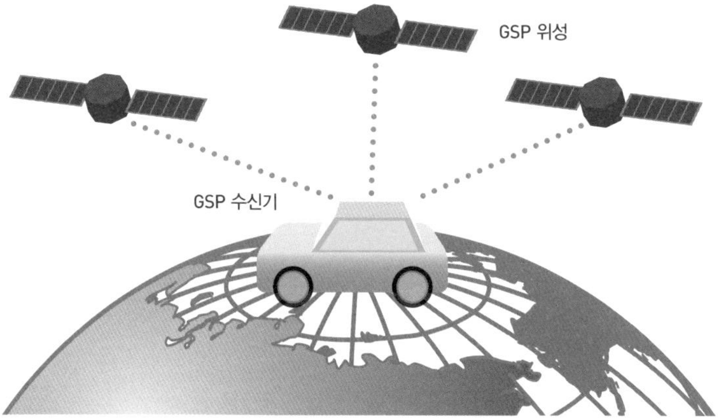

카 내비게이션 시스템은 2만 킬로미터 상공의 인공위성이 보내는 신호를 수신한다. 그리고 그 거리를 바탕으로 자차의 위치를 정확히 계측한다. 이론상으로는 인공위성 세 개로부터 신호를 수신하면 자차의 위치를 특정할 수 있지만, 오차가 크기 때문에 네 개 이상의 인공위성으로부터 신호를 받아 몇 가지 방법으로 위치를 측정해서 정확도를 높인다.

지구 주위를 돌고 있는 GPS 위성의 수는 30개

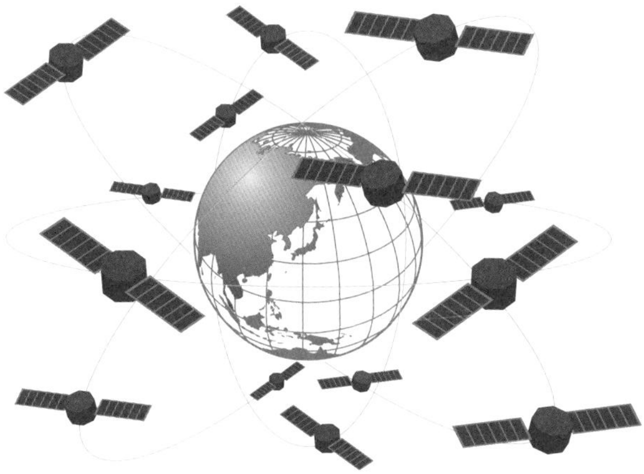

GPS에 사용되는 인공위성은 지구의 자전에 맞춰서 도는 '정지 위성'과 달리 정해진 궤도를 12시간 주기로 돈다. 지구 상공에는 GPS에 사용되는 항법 위성이 30개나 돌고 있기 때문에 지구상 어디에 있더라도 위치 측정이 가능하다.

6-07 텔레매틱스

자차의 정보를 제공하고 정확한 안내를 받는다

기존의 카 내비게이션은 외부 신호를 수신해 내장된 지도 정보에 반영해서 자차의 위치를 측정하고 정체 구간 정보를 얻었다. 요컨대 정보를 받기만 하는 일방 통행형 수신기였다. 그런데 최신 카 내비게이션은 자차의 정보를 발신해서 더욱 정확한 정보와 안전성, 쾌적성을 추구하고 있다. 이와 같은 자동차와 이동 정보 통신의 결합을 **텔레매틱스**telematics라고 하며, 도요타는 'G-BOOK', 혼다는 '인터 내비', 닛산은 '카 윙스'라는 명칭으로 서비스를 제공하고 있다.

텔레매틱스는 해당 시스템이 탑재된 자동차의 주행 상태와 정체 구간 정보를 수집해 교통 상황을 판단한다. 즉, 자동차가 정체 구간 정보를 받을 뿐만 아니라 주변 정체 구간의 정보도 제공하는 것이다.

텔레매틱스의 이점은 네트워크의 **방대한 데이터를 이용할 수 있다는 것**이다. 기존의 카 내비게이션은 본체에 기록되어 있는 데이터만으로 경로 안내나 운전 정보를 표시했다. 그러나 텔레매틱스는 데이터 센터의 풍부한 정보와 고성능 컴퓨터를 활용해 충실한 내용의 경로 안내와 운전 가이드를 제공한다.

또한 신속히 이루어지는 정보 경신이 매력이다. 텔레매틱스를 지원하는 카 내비게이션은 지도 데이터를 통신으로 자동 경신하기 때문에 항상 최신 도로 정보를 바탕으로 주행할 수 있다. 기존의 카 내비게이션은 DVD를 교환하거나 HDD 또는 메모리 카드를 떼어서 지도 데이터를 경신해야 했으므로 편의성에서 큰 차이가 난다.

항상 최신 정보로 갱신된다

사진 제공 : 혼다기연공업

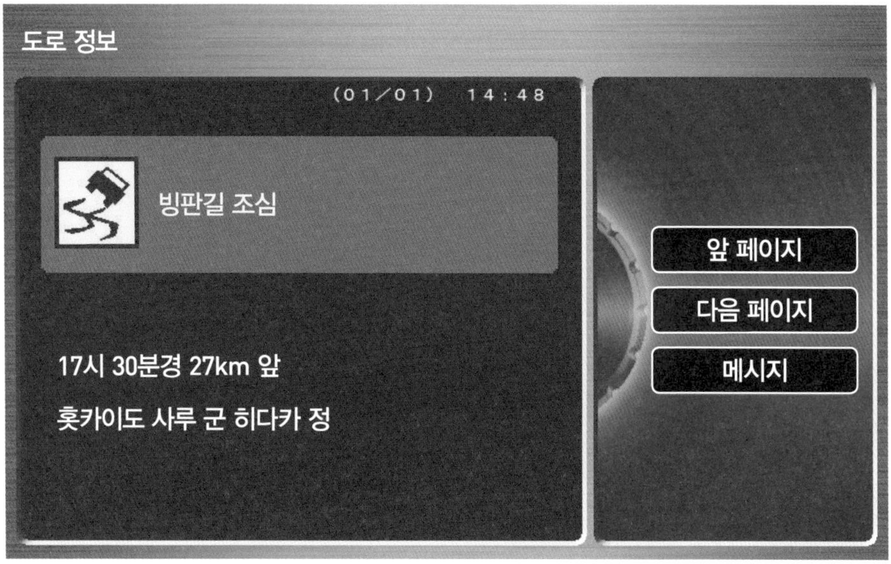

혼다의 '인터 내비'. 정보가 계속 경신되므로 항상 최신 정보를 입수할 수 있다. 화면은 결빙 노면 예측 정보를 표시한 모습이다.

다양한 자동차로부터 정보를 모아 도로 정비에 이용한다

사진 제공 : 혼다기연공업

개선 전

개선 후

정보를 받을 뿐만 아니라 자신도 다양한 정보를 제공하는 것이 텔레매틱스의 특징이다. 사진은 급제동 다발 지대였던 도로가 여러 자동차의 피드백 정보를 바탕으로 개선된 사례다.

6-08 차세대 카 내비게이션

보행자가 소지한 휴대 전화의 GPS 기능을 이용한다

카 내비게이션은 많은 운전자에게 없어서는 안 될 존재가 되고 있는데, 이것을 이용해 운전자를 더욱 지원하는 서비스를 개발하고 있다. 교통사고를 줄이기 위해 필요에 따라 주변의 교통 상황을 제공하는 시스템이다. 교차로 등의 정보를 제공하는 안전 교통 지원 시스템DSSS과 비슷하지만, DSSS는 교차로마다 직접 도로에 설치한 센서의 정보를 자동차가 수신하는 데 비해 이것은 텔레매틱스의 일종으로 정보 센터가 일원적으로 집중 관리한다.

닛산의 텔레매틱스 '카 윙스'는 2008년부터 홋카이도 지역을 대상으로 **빙판길 정보 제공 서비스**를 시작했다. 이 서비스는 ABS 시스템의 작동 정보로부터 빙판길 위치를 알아내 부근의 자동차에 제공한다. 정체 구간이나 사고 정보뿐만 아니라 위험을 사전에 제공받음으로써 좀 더 안전하고 쾌적한 운전을 즐길 수 있게 되었다.

그 밖에 **보행자-차량 간 통신** 서비스도 구상되고 있다. 이것은 GPS 내장형 휴대 전화와 카 내비게이션이 위치 정보를 주고받아 보행자의 접근을 자동차에 알려서 주의를 환기하는 서비스다. 현재는 거의 모든 사람이 휴대 전화를 가지고 다닌다고 해도 과언이 아니다. 휴대 전화를 이용하면 보행자의 정보를 쉽게 얻을 수 있을 뿐만 아니라 교차로마다 센서 또는 광 비콘을 설치할 필요도 없다. 또한 DSSS와 목적이 유사하므로 언젠가 하나의 시스템으로 통합될 가능성도 있다.

빙판길 정보 제공 서비스의 구조

그림 제공 : 닛산 자동차

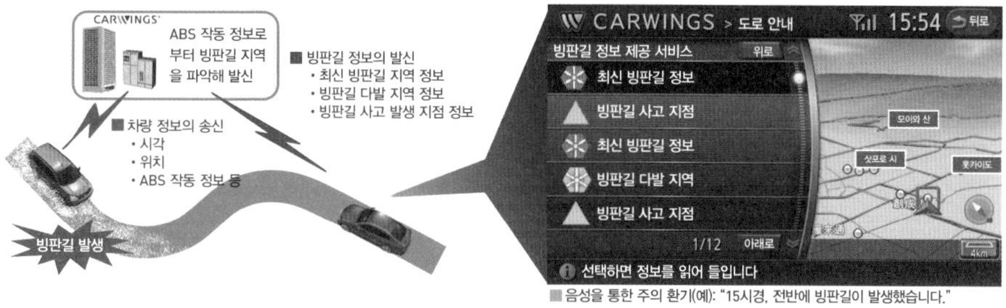

닛산이 홋카이도에서 시작한 빙판길 정보 제공 서비스는 ABS가 작동한 자동차의 위치 정보를 모아서 미끄러짐이 자주 발생하는 지점을 분석한다. 그리고 일상적으로 빙판길이 발생하는 지점을 모아 그 부근을 주행하는 자동차의 카 내비게이션에 발신한다.

보행자-차량 간 통신의 구조

그림 · 사진 제공 : 닛산 자동차

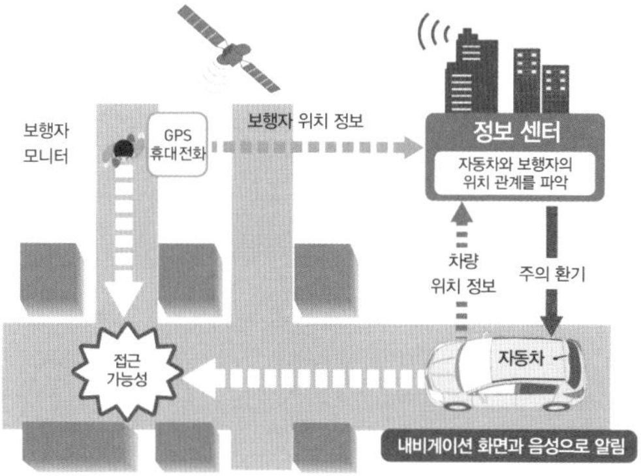

휴대 전화에 들어 있는 GPS는 휴대 전화의 기지국에 위치 정보를 보낼 수도 있다. 보행자-차량 간 통신은 이를 이용해 정보 센터가 보행자의 정보를 부근의 자동차에 제공한다. 보행자와 자동차의 사고를 줄이기 위한 대책으로 개발되고 있다.

자동차 쪽의 이미지

보행자 쪽의 이미지

토막 상식 6

고속도로 무료화는 대형 정체를 유발할까?

2009년 3월 28일 일본은 'ETC Electronic Toll Collection System, 자동 요금 징수 시스템 휴일 특별 할인'을 실시한 적이 있다. 그 탓에 휴일이 되면 고속도로가 심각한 정체로 몸살을 앓았는데, 특히 긴 연휴가 시작되면 아침저녁으로 심각한 정체가 일어나서 고속도로 휴게소와 휴양지가 매우 혼잡스러웠다.

이런 배경 아래 당시 일본에서는 고속도로 무료화 문제로 많은 논란이 일어났다. "현 시점에서도 고속도로 정체가 이렇게 심한데 무료화를 했다가는 더욱 정체가 심각해질 것이다"라고 주장하며 이산화탄소의 배출이 크게 늘어날 것으로 예측하는 단체도 있었다.

하지만 ETC 휴일 특별 할인은 휴일 한정이며 게다가 2년이라는 기한이 정해져 있기 때문에 이용이 급증했다고도 생각할 수 있다. 만약 고속도로를 언제라도 무료로 이용할 수 있게 된다면 막힐 줄 알면서 이용하는 사람이 늘어날까? 또 정체가 일어나면 고속도로를 벗어나 그 구간만 일반 도로를 이용하거나 식사 또는 관광을 즐기는 행동 패턴이 늘어날 것이라고 예상할 수 있다.

유럽과 미국의 경우, 대부분의 일반 차량은 고속도로를 무료 혹은 연간 패스 등의 정액제로 이용하고 있다. 모두가 환경 성능을 높인 자동차로 고속도로를 이용해 전국 방방곡곡을 다니게 된다면 경기를 회복시키는 원동력이 되지 않을까?

CHAPTER 7

고급차의 첨단기술

High Technology of Cars

스포츠카를 포함한 고급차의 매력 중 하나는 자동차 제조 회사가 막대한 시간과 예산을 쏟아부어 개발한 기술을 아낌없이 탑재했다는 점이다. 여기에서는 고급차에 채용된 기술을 집중적으로 소개한다.

W형 16기통, 4개의 터보를 단 엔진을 미드십 마운트한 슈퍼카 '부가티 베이론 16.4'의 파워 트레인. 풀타임 4WD가 1,001 마력의 힘을 노면에 전달한다.

사진 제공 : 니콜 레이싱 재팬

7-01 VGT

날개를 움직여 폭넓은 회전 영역에 대응한다

엔진에서 배출되는 배기가스에는 아직 에너지가 남아 있다. 그중에서 배기가스의 압력을 이용해 터빈을 돌려 흡입 공기를 압송하는 펌프가 터보차저다. 터보차저를 장착하면 엔진의 배기량 이상으로 공기를 집어넣을 수 있다. 그 결과 연료를 많이 태울 수 있기 때문에 높은 출력을 실현할 수 있다. 또 스로틀이 조금만 열려 있는 상태에서는 배기가스의 압력이 낮아 터보가 작동하지 않으므로 연료를 낭비하는 일도 없다.

이와 같이 터보 엔진은 대배기량 엔진의 고출력과 소배기량 엔진의 우수한 연비를 겸비하는데, 배기가스의 양은 엔진 회전수에 따라 달라진다. 그런 까닭에 터빈의 용량은 중점적으로 터보를 작동시키고 싶은 회전 영역에 맞출 필요가 있다. 이 문제점을 해결해주는 것이 VGTVariable Geometry Turbocharger이다. 이 기술은 배기가스의 양에 따라 터빈의 휠에 있는 베인 날개의 바깥쪽을 열고 닫음으로써 터빈에 닿는 배기가스의 압력을 안정시킨다.

저속 회전 영역에서는 베인을 닫아 터빈 휠의 유효 지름을 줄임으로써 배기가스의 기세를 강하게 받도록 한다. 반대로 배기가스가 증가하는 고속 회전 영역에서는 베인을 열어서 배기가스를 많이 받아들여 많은 공기를 압송한다. 이 같은 방식으로 터빈을 운용하면 폭넓은 회전수에서 높은 능력을 발휘할 수 있다.

터빈은 고열의 배기가스를 지속적으로 받아들이기 위해 내열성이 높아야 하며, 1분 동안 10만 회전이라는 초고속 회전을 하기 때문에 내구성도 필요하다. 그런 터빈에 가변 날개를 달기는 쉬운 일이 아니다.

포르쉐 '911 터보'의 VGT

그림 제공 : 포르쉐

포르쉐 '911 터보'의 엔진은 수냉식 수평 대향 6기통 엔진에 직접 분사 기술과 VGT가 탑재되어 있다. 이에 따라 1,950rpm이라는 저속 회전에서 5,000rpm의 고속 회전까지 620Nm의 최대 토크를 발생시킨다. VGT 없이는 이렇게 폭넓고 강력한 토크 특성을 절대 달성할 수 없다.

볼보의 디젤 터보

그림 제공 : 볼보

그림에서 터빈 휠의 베인은 닫혀 있다. 배기가스의 양이 늘어나는 고속 회전 영역이 되면 날개가 회전하며 안쪽의 작은 터빈 블레이드와 연결되어 엔진에 대량의 배기가스를 보낸다.

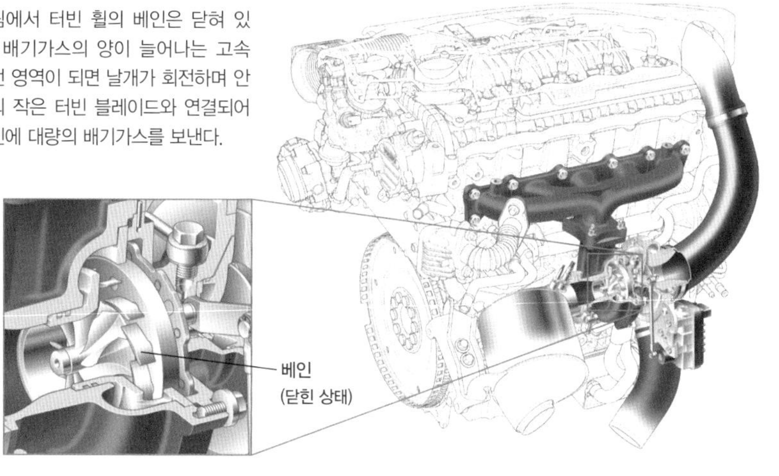

유럽에서는 디젤 엔진 승용차가 주류를 이루고 있다. 터보는 디젤 엔진의 효율을 높이는 데도 사용되고 있으며, 최근에는 VGT를 사용해 고속 회전화를 꾀하는 경우도 증가했다.

7-02 능동형 스태빌라이저

주행 상황에 맞춰 작동 강도를 바꾼다

자동차에 장비되어 있는 '서스펜션'은 주행 중인 자동차에 전달되는 충격을 완화시켜 승차감을 좋게 한다. 그리고 자동차를 안정시켜 빠르고 안전한 주행을 실현한다. 승차감을 좋게 하려면 서스펜션의 '스프링'을 유연하게 만들면 되지만, 그러면 선회할 때의 원심력 때문에 자동차가 크게 기울어 불안정해진다.

이 때문에 승차감과 안정성을 어느 정도 겸비할 수 있게 스프링의 경도를 조절하는데, 대부분의 자동차는 좌우 서스펜션에 간섭해 선회할 때 기울어짐을 억제하는 '스태빌라이저 stabilizer'라는 부품을 장비하고 있다. 그러나 스태빌라이저도 너무 강하게 작동하면 서스펜션 자체의 움직임을 방해해 승차감을 떨어뜨린다. 이런 이유로 상황에 맞춰 순간적으로 스태빌라이저의 강도를 바꿀 수 있는 전자 제어식 능동형 스태빌라이저가 개발되었다. 능동형 스태빌라이저는 스태빌라이저의 중심 부근에 비틀리는 힘을 흡수하는 기구를 추가하고 그 흡수성을 조정함으로써 강도를 바꾼다.

상황에 따라 스태빌라이저의 기본 특성을 변경할 수 있기 때문에 승차감이나 주행 성능 중 하나를 선택하거나 커브길에서만 강하게 작동시켜서 승차감과 주행 성능을 모두 높일 수 있다. 그래서 이 장비는 고급차나 SUV 등 크고 무거운 자동차에 탑재되어왔다. 레이싱카는 연료 잔량이나 노면 상황, 타이어의 마모 상태 등에 맞춰 운전자가 스태빌라이저의 강도를 조정할 수 있는 장치가 달려 있는 차도 많지만, 일반 운전자가 다루기는 어렵다.

능동형 스태빌라이저의 작동 이미지

그림 제공 : 도요타 자동차

능동형 스태빌라이저 서스펜션 시스템이 장착되지 않은 차량

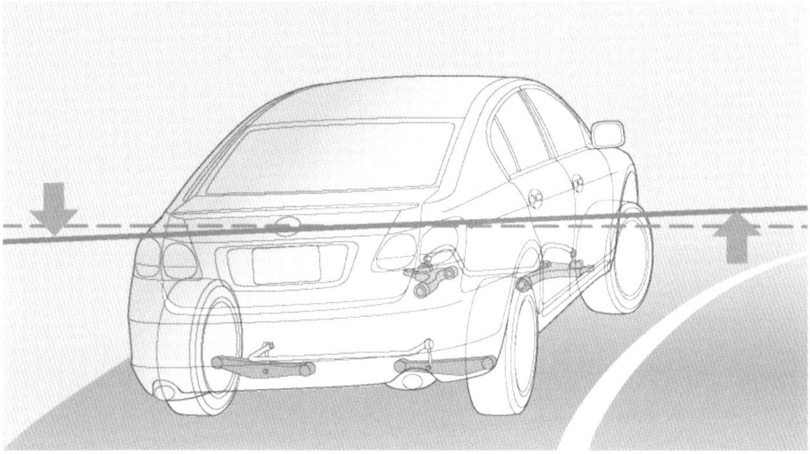

능동형 스태빌라이저 서스펜션 시스템이 장착된 차량

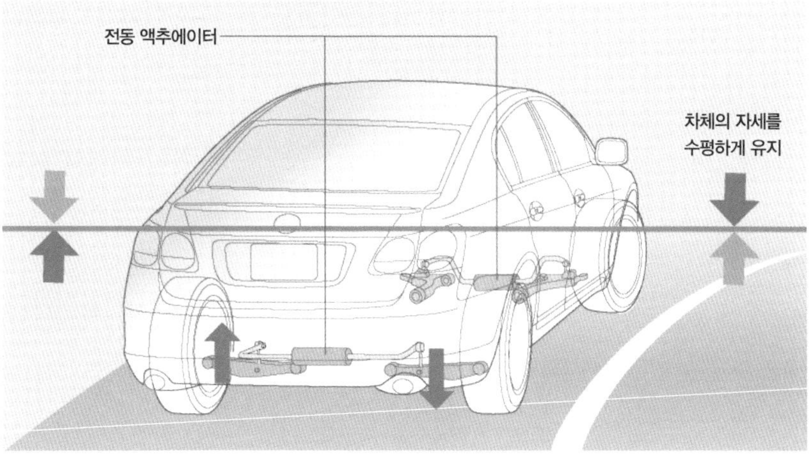

도요타 '렉서스 GS 430'에 장착된 능동형 스태빌라이저의 작동 메커니즘. 통상적인 스태빌라이저는 '비틀림 막대 스프링'의 복원력을 이용해 어느 정도의 기울어짐은 허용하면서 승차감과 주행 성능의 균형을 고려한다. 한편 능동형 스태빌라이저는 평상시에는 승차감을 중시하고 빠르게 달리고 싶을 때나 크게 휘어진 커브길 등에서는 강하게 작동해 기울어짐을 억제하고 자동차를 안정시킨다. 다만 실제로는 능동형 스태빌라이저를 장착해도 기울어짐을 완전히 억제하지는 못한다.

7-03 카본 세라믹 브레이크

고경도, 고내열성과 가벼움을 실현하다

현재 자동차는 안전과 쾌적함을 위한 장비를 충실히 탑재하면서 점점 무거워지고 있으며, 그런 한편으로 고성능화의 요구도 끊임없이 받고 있다. 이런 상반된 조건의 딜레마 속에서도 자동차가 고성능화를 실현하고 있는 것은 타이어와 브레이크의 발전 덕분이다. 특히 브레이크는 차중 증가와 속도 상승에 대응할 수 있는 제동 성능이 요구되는 만큼 중요성이 매우 커지고 있다.

카본 세라믹 브레이크는 대형 고급차, 초고성능차의 제동 성능을 확보하는 첨단기술이다. 이것은 현재 F1 머신의 브레이크에 매우 가까운 브레이크 시스템이다. 카본 세라믹 브레이크의 특징 중 하나는 주철로 만들었던 디스크 로터를 철보다 경도와 내열성이 높은 '카본 세라믹'이라는 소재로 만들었다는 점이다. 카본 세라믹은 우주왕복선의 내열판에도 사용되는 소재다. 물론 디스크 로터와 마찰을 일으켜 제동력을 발휘하는 브레이크 패드도 특별한 제품이다.

이 덕분에 무겁고 큰 차체를 지닌 대형 고급차가 고속 주행 중에 급제동을 해도 확실하게 자동차의 속도를 떨어트려준다. 또 고성능 스포츠카가 서킷에서 한계 주행을 하는 상황에서도 안정된 주행을 계속할 수 있게 해준다.

카본 세라믹 브레이크의 또 다른 특징은 중량이 주철로 만든 디스크 로터의 약 절반밖에 안 된다는 점이다. 이 가벼움이 승차감과 운동 성능을 좌우하는 하체의 경량화에 도움을 준다.

카본 세라믹 브레이크의 디스크 로터

사진 제공 : 포르쉐

카본 세라믹 브레이크의 디스크 로터는 카본 파이버(탄소 섬유)에 세라믹을 용착시켜 만든 소재를 사용했다. 철이라면 녹아버리는 섭씨 1,700도에서 제조한다는 점에서도 재료의 강도를 짐작할 수 있다.

카본 세라믹 로터를 장착한 포르쉐

사진 제공 : 포르쉐

포르쉐는 'PCCB(Porsche Ceramic Composite Brake)'라는 이름으로 카본 세라믹 브레이크를 사용하고 있다. 비교적 가벼운 휠을 조합해 우수한 제동 성능과 승차감을 동시에 구현했다.

7-04 AMG 스피드시프트 MCT

수동 변속기에 가까운 자동 변속기를 개발하다

자동 변속기의 구조로 수동 변속기의 직결감을 추구한 변속기가 있다. 바로 메르세데스 벤츠의 고성능 브랜드인 AMG가 채용한 스피드시프트 MCTMulti Clutch Technology다.

일반적인 자동 변속기는 수동 변속기의 클러치에 해당하는 '토크 컨버터'를 이용한다. 토크 컨버터는 바로 '유체 클러치'다. 그러나 이 토크 컨버터는 발진할 때 매끄럽게 가속하기 위한 대가로 수동 변속기에 비해 구동력의 손실이 크다. 예컨대 정지한 선풍기가 서로 마주 보고 있다고 생각해보기 바란다. 한쪽 선풍기를 돌리면 반대쪽 선풍기도 바람을 받아 돌기 시작한다. 이것이 유체 클러치의 이미지다. 이 상태라면 좌우 선풍기의 회전 속도에 차이가 생기는데, 이것이 '토크 컨버터의 미끄러짐'이라고 부르는 현상으로서 직결감과 스포티한 운전 감각을 훼손하는 원인이다. 자신은 '10의 구동력을 전달하고 있다'고 생각하지만 회전 속도의 차이로 '구동력이 8밖에 전달되지 않기' 때문이다. 참고로 일정 이상의 주행 상태에서는 토크 컨버터를 고정시켜 직접 구동력을 전달한다. 이 방식으로 전달 효율을 높인다.

그런데 AMG 스피드시프트 MCT는 토크 컨버터 대신 다판 클러치를 사용한다. 이를 통해 토크 컨버터의 구동력 손실 문제를 해소하고 수동 변속기 수준의 직결감 넘치는 주행을 구현했다.

AMG 스피드시프트 MCT의 구조도

사진 제공 : 다임러

AMG 스피드시프트 MCT는 엔진의 구동력을 받아들이는 클러치 부분에 토크 컨버터가 아니라 다판 클러치를 사용했다. 이를 통해 구동력의 손실이 적고 직결감이 높은 가속감을 실현했다.

다판 클러치

사진 제공 : 다임러

다판 클러치는 마찰재와 메탈 디스크를 교대로 겹침으로써 소형이지만 큰 힘을 전달할 수 있다. 또한 고도화된 제어가 가능해 매끄러운 단속을 가능케 했다. 이 시스템을 활용하면 소형 FF 차량에서도 더욱 효율 높은 변속기가 등장할지 모른다.

7-05 카본 파이버를 이용한 차체 경량화

강하면서도 가벼운 꿈의 소재가 사용되고 있다

카본 파이버는 탄소 섬유의 일종으로 고성능 스포츠카나 레이싱카에 사용되는 첨단 소재다. 카본 파이버를 채용하는 이유는 그 강도에 있다. 카본 파이버의 인장 강도는 강철보다 강하기 때문에 강철과 같은 강도를 강철의 5분의 1, 알루미늄 합금의 2분의 1 중량으로 실현할 수 있다. 요컨대 강하면서도 가벼운 부품을 만들 수 있다는 말이다.

자동차 분야에서는 1980년대부터 F1 머신의 모노코크monocoque, 차체와 프레임이 하나인 차량 구조 차체에 강하면서도 가벼운 카본 파이버를 사용하면서 안전성이 비약적으로 향상되었다. 그러나 카본 파이버는 성형 방법의 문제로 대량 생산이 불가능해 오랫동안 레이싱카에만 사용되었다. 그런데 최근 들어 항공기 분야에서 기체의 경량화를 실현하기 위해 카본 파이버를 사용하면서 수요가 급속히 증가했고, 자동차 분야에서도 고성능차와 고급차를 중심으로 사용률이 높아지고 있다.

카본 파이버 자체는 유연한 섬유이기 때문에 인장력은 강하지만 휨이나 압축에는 그다지 강하지 않다. 그래서 카본 파이버의 직조 방식이나 카본 클로스를 붙이는 방향을 개선하거나 카본 파이버 사이에 얇은 알루미늄 허니콤재를 끼우는 방법으로 강도를 높이고 있다. 일반적으로는 수지플라스틱로 섬유와 섬유를 붙이는 CFRPCarbon Fiber Reinforced Plastics, 탄소 섬유 강화 수지라는 제법으로 성형된다. 카본 파이버는 평면으로 만들면 굽힘에 약하지만 입체로 만들면 단단해진다. 모노코크 차체에 CFRP를 채용한 이유는 이런 특성이 있기 때문이다.

카본 파이버로 만든 모노코크 차체

렉서스 LF-A의 모노코크 차체에 카본 파이버가 사용되었다.

렉서스 LF-A에 채용된 3D-CFRP

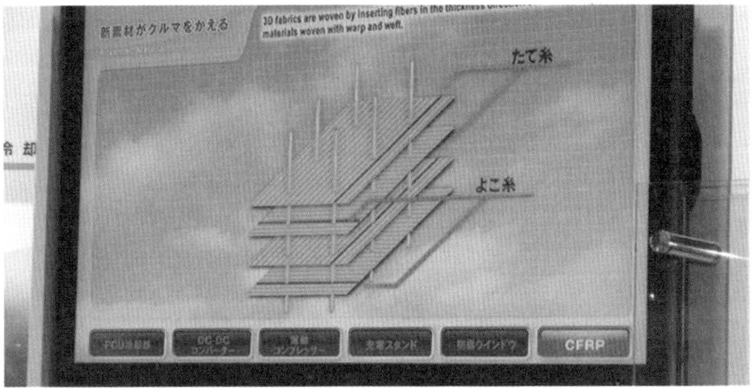

도요타자동직기는 렉서스 LF-A를 만들기 위해 복수의 카본 클로스를 겹쳐서 연결한 '3D-CFRP'라는 기술을 개발했다.

오토클레이브

사진 제공 : 맥라렌 그룹

영국의 맥라렌은 1980년에 세계 최초로 F1 머신의 모노코크 차체를 카본 파이버로 제작했다. 사진은 카본 파이버에 압력을 가하면서 가열해 굳히는 '오토클레이브'라는 특수 기계다. 카본 파이버가 차체 패널이나 모노코크 차체 등의 구조재로서 그 성능을 완전히 발휘하도록 만들기 위해 없어서는 안 될 기계다.

7-06 도요타 '렉서스 LF-A'

철저한 경량화와 F1 머신 못지않은 엔진을 자랑하다

도요타 최초의 슈퍼카인 렉서스 LF-A에는 각종 첨단기술이 탑재되어 있다. 그런데 최신 장치와 안전 장치를 가득 실었으면서도 1,500킬로그램 미만의 차중을 실현했다. 이것은 차체 골격의 65퍼센트에 앞에서 소개한 CFRP라는 소재를 채용한 덕분이다. 이에 따라 같은 형상의 알루미늄 차체보다 100킬로그램이나 가벼워졌다. 또 CFRP를 만드는 세 종류의 공법인 '프리프레그 공법'과 'RTM 공법' 'C-SMC 공법'을 사용했다. 이것은 사용되는 부위에 맞춰 CFRP를 만들기 위함이다.

엔진은 F1 머신처럼 독립 스로틀을 사용한 V형 10기통이다. 4,805cc라는 배기량에서 8,700rpm일 때 560마력에 이르는 출력을 끌어내며, 6,800rpm일 때 최대 토크 480Nm을 발휘한다. 아이들링 상태에서 0.6초 만에 9,000rpm까지 올라가는 우수한 반응성과 고속 회전화도 실현했다.

또 커넥팅 로드뿐만 아니라 흡배기 밸브까지 타이타늄 합금으로 만들었으며, 로커 암에는 표면 경도를 높이는 DLCDiamond Like Carbon라는 특수 코팅이 되어 있다. 그 밖에도 알루미늄 합금과 마그네슘 합금 같은 가벼운 소재가 사용되었다. 아울러 아이들링 상태일 때는 엔진의 한쪽 뱅크를 쉬게 하는 기능을 탑재해 환경도 배려했다.

스타일링

사진 제공 : 도요타 자동차

렉서스 LF-A는 2010년 12월부터 500대 한정으로 생산이 개시되었다. 가격은 약 4억 원 전후로 매우 고가이지만, 최신 기술을 가득 담은 슈퍼카다.

섀시

F1 머신에 못지않은 V형 10기통 엔진은 차체 앞쪽에 장착되어 있다. 브레이크 디스크는 앞에서 소개한 카본 세라믹으로 만들어졌으며, 타이어를 지탱하는 암의 소재는 전부 알루미늄 합금이다.

인테리어

시트의 위치가 낮고 페달이 바닥과 수직으로 서 있는 디자인은 레이싱카를 연상시킨다.

7-07 부가티 베이론

최고 시속 407킬로미터 최대 출력 1,001마력을 내다

일반 도로를 달리는 자동차 가운데 최고의 성능을 지닌 것은 부가티 베이론이다. V8 엔진 두 대를 조합한 7,993cc의 W형 16기통 엔진을 장착했으며, 최고 출력은 1,001마력에 이른다. 배기가스의 압력으로 돌아가는 4개의 터보차저에 가압된 공기는 인터쿨러로 냉각되어 연소실로 들어간다. 한쪽 뱅크에 8기통이 나열된 V8 엔진처럼 보이지만, 각각의 뱅크가 협각인 V8 엔진을 두 대 조합한 독특한 구조다.

엔진은 운전자의 등 뒤, 뒷바퀴 앞쪽에 있으며 출력이 7단 DSG다이렉트 시프트 기어박스를 거쳐 차체 중심을 지나가는 프로펠러축을 통해 앞바퀴에도 전달되는 사륜구동 방식이다. 정지 상태에서 시속 100킬로미터까지 가속하는 시간이 2.5초, 최고 시속은 407킬로미터라는 경이적인 사양을 자랑한다.

다만 일상에서는 고성능을 온전히 발휘할 수 없기 때문에 시가지에서 고속 주행까지 대응하도록 차고와 리어 윙을 설정하는 '스탠더드 모드', 좀 빠르게 달리거나 서킷 등을 주행하기 위한 '핸들링 모드', 시속 375킬로미터 이상의 속도를 내기 위한 '톱 스피드 모드'라는 세 가지 주행 모드가 준비되어 있다.

또한 리어 윙은 세 가지 모드와 스위치를 통해 높이와 각도를 바꿀 수 있으며, 브레이크를 조작할 때는 에어 브레이크로도 변신한다. 톱 스피드 모드에서는 차고가 최저 수준까지 낮아지고 리어 윙도 거의 수평으로 눕는다.

최고 시속은 407킬로미터

사진 제공 : 니콜 레이싱 재팬

부가티 베이론은 기본형의 차량 가격이 약 15억 원에 달하는 최고급 자동차다.

1,001마력을 내는 엔진

사진 제공 : 니콜 레이싱 재팬

탑재된 W형 16기통 엔진은 4개의 터보차저로 과급된다.

리어 윙

사진 제공 : 니콜 레이싱 재팬

세 가지 모드에 맞춰 리어 윙의 높이를 조정할 수 있다.

7-08 BMW i8

저연비로 '치고 나가는 즐거움'을 선사하다

요즘 자동차 제조 회사는 환경에만 신경을 쓸 뿐 속도나 아름다움, 운전의 즐거움 같은 매력은 부차적인 문제로 취급한다고 느끼는 사람도 있을 것이다. 그런 자동차 애호가를 향한 BMW의 대답이 바로 i8이다.

이 자동차는 2009년 독일 프랑크푸르트 모터쇼에 비전 이피션트다이내믹스Vision EfficientDynamics라는 이름으로 출품된 차로 2014년부터 일반 판매에 들어갔다. BMW는 그전에도 환경을 의식한 스포츠 타입의 콘셉트 카를 발표해왔지만, 이 자동차는 그중에서도 특출하다.

BMW i8은 파워 유닛에 가솔린 엔진과 모터를 조합한 하이브리드 자동차다. 전륜에 전기 모터를, 후륜에 가솔린 터보 엔진을 채용했다. 첫 콘셉트 카를 발표할 당시 최대 출력 356마력262킬로와트, 최대 토크 800Nm을 발휘한다고 알려져 있다. 양산형 모델은 정지 상태에서 시속 100킬로미터까지 가속하는 데 4.4초, 최고 시속은 250킬로미터에 이른다.

이 같은 고성능에도 불구하고 유럽 연비 기준으로 1리터당 47.6킬로미터라는 저연비를 자랑한다. 플러그인 하이브리드 자동차로서 배터리의 전력만으로 35킬로미터는 달릴 수 있다. 그리고 에코 모드로 주행했을 때 최대 주행 가능 거리는 600킬로미터다. 리튬폴리머 배터리를 차체의 중심에 세로로 길쭉하게 정렬해 무게가 나가는 물건을 무게중심에 가까이 놓음으로써 운동 성능도 향상시켰다.

BMW i8의 구조

그림 제공 : BMW

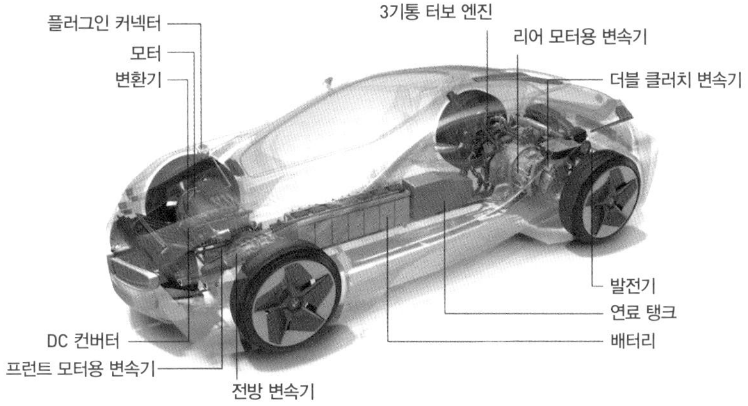

앞뒤에 모터, 후방에 엔진을 장착하고 그 사이에 연료 탱크와 길쭉하게 정렬된 모터가 놓여 있다. 엔진에는 자동 6단 변속기가 조합되어 있으며, 모터에도 감속 기어가 장비되어 있다.

i8은 4인승

사진 제공 : BMW

고성능 스포츠 쿠페로서 손색이 없는 성능과 하이브리드 자동차의 환경 성능을 겸비했다. 뒷좌석의 공간이 조금 좁지만 4명이 탈 수 있다.

7-09 SSC 얼티밋 에어로 EV

세계에서 가장 빠른 전기 자동차를 지향한다

전기 자동차라고 하면 환경 성능은 우수하지만 실용성만이 매력이라는 인상이 있지 않은가? 그런데 사실은 전기 자동차만큼 고성능 자동차도 없다. 전기로 달리는 고속 열차가 그 많은 승객을 싣고도 시속 300킬로미터로 달린다는 점을 생각하면 전기 자동차의 성능은 의심할 여지가 없다.

미국의 '쉘비 슈퍼카Shelby Super Cars, SSC'는 엄청난 속도를 자랑하는 전기 자동차를 만드는 곳으로 유명하다. 쉘비 슈퍼카는 1999년에 설립된 신흥 자동차 제조 회사인데, 2007년에 'SSC 얼티밋 에어로'라는 자동차로 시속 412킬로미터기네스 공인 기록라는 엄청난 속도를 기록했다. 그리고 2008년에는 SSC 얼티밋 에어로 EV라는 전기 슈퍼카를 발표했다.

얼티밋 에어로 EV에는 AESPAll-Electric Scalable Powertrain'라고 부르는 500마력급의 강력한 모터 두 개가 탑재된다. 배터리는 고성능 리튬이온으로, 110볼트 콘센트로 불과 10분이면 완충이 가능하며 항속 거리는 320킬로미터에 이른다. 지금은 안타깝게도 이 모델이 단종되었지만 최고 시속 442킬로미터를 자랑하는 '투아타라'가 그 명맥을 잇고 있다.

SSC 얼티밋 에어로 EV

사진 제공 : 쉘비 슈퍼카

차체와 프레임 등 기본적인 구조는 'SSC 얼티밋 에어로'와 같다. 이 차체에 합계 1,000마력의 모터를 탑재해 정지 상태에서 시속 100킬로미터까지 2.5초, 최고 시속은 약 340킬로미터를 실현했다.

SSC 얼티밋 에어로

사진 제공 : 쉘비 슈퍼카

차체는 카본 파이버, 프레임은 강관 스페이스 구조다.

7-10 F1 머신의 기술

자동차 기술의 발전을 선도한다

모터스포츠의 최고봉인 F1 머신에는 최첨단기술이 집약되어 있다. 항공 우주 공학 분야보다 진보한 부분도 있어서 F1 팀에서 기술을 제공하기도 한다.

F1 머신에 투입되는 기술은 매년 수정되는 규정에 따라 제한되는 항목이 있기는 하지만, 랩타임이 증명하듯이 매년 향상되고 있다. 엔진은 한때 2만rpm이라는 초고속 회전 영역까지 이르렀지만 현재는 최고 회전수가 1만 8,000rpm으로 제한되었고, 엔진 규격도 2.4리터의 V형 8기통으로 통일되었다. 중량도 95킬로그램으로 규정되어 있다. F1 머신의 엔진은 F1 그랑프리를 2라운드 정도 달릴 수 있는 내구성만 있으면 되므로 상용차 엔진과는 완전히 다른 차원의 기술이 투입되며, 배기량 1리터당 출력은 300마력이 넘는다.

F1은 차체의 표면을 흐르는 공기를 완전히 제어하기 위해 '공기 역학' 분야에서도 가장 앞서 나가고 있으며, 카본 파이버를 이용한 모노코크 차체나 서스펜션 파츠, 알루미늄 합금 등 금속 소재 분야에서도 신소재의 개발과 활용이 활발히 진행되고 있다.

시판 자동차와는 차원이 다르다고는 하지만 F1은 자동차 제조 회사들이 선행 기술을 개발하고 시험하는 테스트 베드로서의 역할도 담당하고 있다. 세계에서 가장 우수한 레이싱 드라이버들이 조종하는 F1 머신은 앞으로도 자동차 첨단기술을 선도하는 존재로 남을 것이다.

메르세데스 벤츠의 F1 머신용 엔진

사진 제공 : 맥라렌 그룹

이 엔진의 출력은 740마력이 넘으며, 신뢰성도 높다.

메르세데스 벤츠의 F1 머신용 스티어링

사진 제공 : 맥라렌 그룹

카본 파이버를 사용한 모노코크 구조다. 자동차의 특성을 바꾸는 다양한 제어 장치를 탑재했기 때문에 표면에 각종 스위치가 달려 있다. 참고로 레이스 중에 문제가 발생하면 스티어링 자체를 교환하고 시스템을 초기화하기도 한다.

F1 머신의 조립 공장

사진 제공 : 맥라렌 그룹

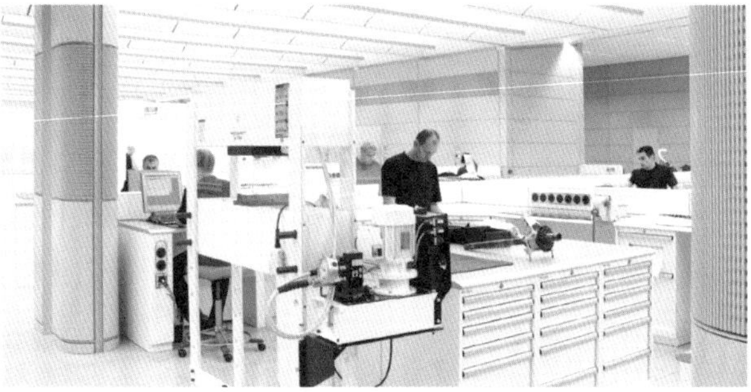

영국의 맥라렌 테크놀로지 센터에 있는 '맥라렌 레이싱'의 조립 시설. 내부는 사무실이나 연구 시설 같은 모습으로, F1 머신을 조립하는 곳이라고는 생각되지 않을 만큼 깨끗하고 조용하다. 다른 층에는 거대한 오토클레이브(193쪽 참조)가 있는데, 작은 카본 부품은 바로 제작할 수 있도록 소형 오토클레이브를 설치했다.

후기

자동차 첨단기술 중에는 운전자나 탑승자의 눈에 띄는 것도 있지만 그 존재를 체감하지 못하는 것도 있다. 하이브리드 자동차의 엔진과 모터가 구동을 전환하는 순간, 밤에 보행자를 쉽게 발견할 수 있게 하는 나이트 뷰, 점점 편리해지는 카 내비게이션 등은 사람들이 쉽게 그 존재를 알아채는 첨단 장치들이다.

그러나 연료 소비 효율을 향상하기 위해 엔진을 제어하는 각종 제어 기술이나 엔진 내부에 있는 복잡하고 정밀한 기구, 원활한 주행이 가능하도록 보이지 않게 운전을 지원하는 장치, 만에 하나의 사태가 벌어졌을 때 보이지 않는 곳에서 탑승자뿐만 아니라 보행자까지 지켜주는 안전장치 등은 그 존재나 효과를 실감하기가 매우 어렵다.

물론 안전장치는 이용할 일이 없을수록 좋으며, 쾌적한 주행을 유지해주는 장비의 대부분은 그림자처럼 숨어 있는 편이 여러모로 바람직하다. 사람들이 알아채지 못하는 가운데 첨단 장비들을 조용히 작동시켜야 한다는 점이 자동차 기술 개발의 어려움이라고도 할 수 있다. 그리고 이런 장비를 밤낮으로 개발하고 있는 엔지니어들의 노고 또한 일반 사용자들로서는 좀처럼 알기가 어렵다.

이번에 책을 준비하면서 고민한 부분은 어떻게 해야 첨단 장비의 구조와 엔지니어들의 고충을 동시에 잘 알릴 수 있겠느냐는 것이었다. 때문에 이 책을 다 읽은 독자 여러분이 '자동차에는 전 세계의 기술자들이 운전자와 탑승자를 위해 개발한 수많은 첨단기술이 담겨 있구나'라고 느낀다면 참으로 기쁠 것이다.

책을 집필하는 과정에서 많은 자동차 제조 회사와 자동차 부품 제조 회사의 엔지니어 여러분, 홍보 담당자 여러분이 도움을 주셨다. 진심으로 고마움을 전한다. 또한 사이언스아이 편집부의 이시이 겐이치 씨의 노력이 없었다면 이 책은 완성되지 못했을 것이다. 필자와는 다른 시점의 신선한 질문과 제안은 책을 쓰는 데 매우 큰 도움을 줬다. 이 자리를 빌려 고맙다는 말을 전하고 싶다.

다카네 히데유키

참고 문헌

서적

《신소재 테크놀로지 & 애플리케이션》, MOL 편집부, 옴사, 1988년

잡지

〈자동차 공학〉, 철도일본사, 2007~2009년
〈오토모티브 일렉트로닉스〉, 리드 비즈니스 인포메이션, 2008~2009년
〈EDNJapan〉, 리드 비즈니스 인포메이션, 2008~2009년

웹사이트

TDK http://www.tdk.co.jp/
BP http://www.bp-oil.co.jp/
NASA http://www.nasa.gov/

협력

도요타 자동차 http://www.toyota.co.jp/
닛산 자동차 http://www.nissan.co.jp/
혼다기연공업 http://www.honda.co.jp/
마쓰다 http://www.mazda.co.jp/
후지 중공업 http://www.subaru.jp/
미쓰비시 자동차 공업 http://www.mitsubishi-motors.co.jp/
다이하쓰 공업 http://www.daihatsu.co.jp/
스즈키 http://www.suzuki.co.jp/
다임러 http://www.daimler.com/
BMW http://www.bmw.com/
볼보 자동차 http://www.volvocars.com/
쉘비 슈퍼카 http://www.shelbysupercars.com/
맥라렌 그룹 http://www.mclaren.com/
브리지스톤 http://www.bridgestone.co.jp/
덴소 http://www.denso.co.jp/
보쉬 http://www.bosch.co.jp/
ZF Friedrichshafen AG http://www.zf.com/
델파이 오토모티브 http://www.delphi.com/
니콜 레이싱 재팬(BUGATTI 웹사이트) http://www.bugatti.co.jp/
Independent & Authorised Importer of Bugatti 03-3478-1811

찾아보기

옮긴이 김정환

건국대학교를 졸업하고, 일본외국어전문학교 일한통역과를 수료했다. 현재 번역 에이전시 엔터스코리아에서 출판 기획과 일본어 전문 번역가로 활동 중이다. 역서로 《자동차 정비교과서》《경영에 불가능은 없다》《사업에 불가능은 없다》《일과 인생에 불가능은 없다》《손정의 열정을 현실로 만드는 힘》《회사는 어떻게 강해지는가》《생각정리 프레임워크50》《머릿속 정리의 기술》 등이 있다.

자동차 첨단기술 교과서
전문가에게 절대 기죽지 않는 마니아의 자동차 혁신 기술 해설

1판 1쇄 펴낸 날 2016년 2월 25일
1판 7쇄 펴낸 날 2022년 10월 14일

지은이 | 다카네 히데유키
옮긴이 | 김정환
감 수 | 임옥택

펴낸이 | 박윤태
펴낸곳 | 보누스
등 록 | 2001년 8월 17일 제313-2002-179호
주 소 | 서울시 마포구 동교로12안길 31 보누스 4층
전 화 | 02-333-3114
팩 스 | 02-3143-3254
이메일 | bonus@bonusbook.co.kr

ISBN 978-89-6494-242-0 13550

• 책값은 뒤표지에 있습니다.